災害・社会リスクへの処方箋

－災害リスクを知り、社会リスクに備える－

末次　忠司　著

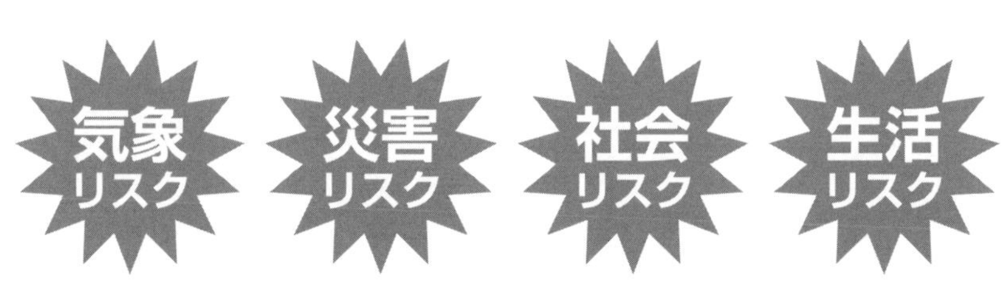

技報堂出版

はじめに

これまで、何年（または何十年）に１回起きるかどうかわからない現象について、とくに河川災害の防災や減災に関して多くの本を執筆してきました。しかし、平常時に災害のリスクを伝えようと思っても、十分に意思が通じていないことを痛感してきました。

しかも、災害は世の中にあるさまざまなリスクの一つにすぎないにもかかわらず、一つのリスクだけを考えて欲しいというのは、その分野の専門家だけの勝手な思いなのではないか、と感じるようになりました。

そこで、平常時も含めて、起こり得るさまざまなリスクについて考えてもらいたい、と意図してまとめたのが本書になります。

日本人は、欧米人に比べてリスク意識が低いと言われています。その理由は、日本人の多くが農耕民族であったこと、また日本が島国で周辺国との領土争いが少ないことなどが関係していると思われます。欧米人は狩猟民族が多く、食糧となる獲物（バッファローやイノシシなど）を捕るのに、場合によっては食うか食われるかの厳しい状況であったのに対して、農耕民族は台風などの災害がなければ、苗を植えて、待っていれば、自然と作物が穫れるため、危機意識が比較的少なかったのではないでしょうか。

また、島国ではない国は、隣国から攻められる危険性が高いため、絶えず危機意識を持って生活する必要があり、島国である日本とは、危機意識の必要性が異なっていたともいえるのではないでしょうか。

こうした理由や事情もあって、日本人はリスクが低い状況にありましたが、国際化が進む昨今、危機意識は低くても大丈夫だという思想は捨てるべきではないでしょうか。災害・気象リスクはもちろんですが、さまざまな社会リスクである交通事故、犯罪、火災、化学物質などにも絶えず注意して生活していかなければならないと痛感しています。

本書では、気象リスク、災害リスク、社会リスク、生活リスクの４種類のリスクを対象に、その実態と対策についてまとめてみました。④の生活リスクなどはコラムの形で記載しています。

① 気象リスク：水害（氾濫、土砂災害、高潮）、雷、強風、雪崩、熱中症

② 災害リスク:地震（地震、津波、複合災害）、火山（火砕流、溶岩流、噴石）

③ 社会リスク：交通・飛行機事故、犯罪（誘拐、強盗、空き巣）、火災、化学物質、危険生物、SNS 犯罪、食中毒

④ 生活リスク：溺死、認知症、不慮の事故

また、各リスクの情報は、状況に応じて活用しやすいように、「平常時」、「リスク発生時」、「リスク発生後」、「リスクの実態とリスクへの対策」の分類も行っています。

日常的には「平常時」や「リスクの実態とリスクへの対策」の情報を見ておき、実際リスクが発生したときは「リスク発生時」の情報を参考にできるように、記載の工夫を行いました。

また、「付録」を設け、クイズ形式やリスクチェック方式でリスクについて勉強できるように工夫をしました。リスクに関して役立つ電話番号等のリストも掲載してあります。さらに、水害による被災家屋棟数、交通事故死者数、犯罪認知件数などの都道府県別データも、参考までに掲載しましたので、ぜひ参考にしてください。

令和３年２月

末次　忠司

※本書中では明治５年以前の年月は、旧暦（天保暦）ではなく、新暦で表示している。年次は基本的に年号で示しているが、対象期間が複数の年号に及ぶものは西暦で示している。また、組織名は当時の組織名で記載している。

目　　次

リスク発生時 —— 121

リスク発生後 —— 161

リスクの実態とリスクへの対策 —— 177

平常時

● リスク分類 ●

① 気象リスク

：水害（氾濫、土砂災害、高潮）、雷、強風、雪崩、熱中症

② 災害リスク

：地震（地震、津波、複合災害）、火山（火砕流、溶岩流、噴石）

③ 社会リスク

：交通・飛行機事故、犯罪（誘拐、強盗、空き巣）、火災、化学物質、危険生物、SNS 犯罪、食中毒

④ 生活リスク

：溺死、認知症、不慮の事故

災害時のための保険

リスク分類▶①②③

世の中にはさまざまな災害や事故があるし、自分がいつ、どこで、どれに遭遇するかはわからない。ここでは、災害等のための保険を網羅的に紹介し、なかから各個人や地域に最適な保険を選ぶ参考にしてもらいたい。

建物の火災保険は火災、落雷、風災などに対応できるが、さらにさまざまなリスクに対する住宅総合保険があり、火災保険の補償対象に加えて、物の飛来、水漏れ、盗難、水災などにも対応できる。賃貸住宅では火災保険でも良いが、賃貸以外の物件や分譲マンションでは住宅総合保険が良い。

生命保険については、溺死、火災、交通事故（横断中に車が衝突）、歩行中に上空より飛来物が直撃などにより、180日以内に死亡または高度障害状態になった場合、災害死亡保険金が支払われる。しかし、地震、津波、噴火などに対しては支払われず、災害救助法が適用された場合にかぎり、地震や津波に対して、保険金が支払われる。感染症は災害割増特約を契約しておけば、災害死亡保険金が支払われる。

・**水害**：住宅総合保険や店舗総合保険の**特約（水災）**、火災保険の水災補償に加入しておく（**表**）。農協共済の火災共済や風水害保険（契約件数は少ない）でも良い。農協共済は農協組合員以外も加入でき、火災・落雷・爆発等に対して補償される。生命保険も水害後180日以内の死亡、傷害に対して、保険金、給付金が支払われる

・高潮、土砂災害：住宅総合保険や店舗総合保険の特約（水災）、火災保険の水災補償に加入しておく

・落雷、雪崩、隕石：火災保険で補償される。ただし、融雪出水に対しては、水害と同様に火災保険の水災補償に入っていないと補償されない

・地震、**津波**、火山噴火：地震保険単独では契約できないので、火災保険に付帯させる地震保険*を契約する。津波は水災だが、地震が原因で発生するので、**地震保険**への加入が必要である

・自動車：基本的にはどの災害も車両保険に加入しておけば良い。地震・津波・噴火に対しては、車両保険だけでは補償されないが、車両保険に付帯した車両全損時一時金特約に加入しておけば、災害被害に対して、一時金50万円

を受け取ることができる

各種保険への加入状況は以下の通りである。地震保険への加入率が低いが、増加傾向にはある。都道府県で見ると、全体的に愛知県や宮城県の加入率が高く、沖縄県の加入率が低い。

地震保険（家財）では損害額が家財の時価の10%以上ないと、保険金は出ない。種類に応じて、食器1%、家電2.5%、家具4%（構成割合）などと計算され、Σ構成割合×種類数の値に応じて

・10～30%で保険金額の5%：一部損

・30～60%で保険金額の30%：小半損

・60～80%で保険金額の60%：大半損

・80%以上で保険金額の100%：全損

が支払われる。火災保険の損害鑑定は細かいが、地震保険の査定基準が4段階となっているのは、地震災害は広域で発生するのに対して、迅速に保険金を支払うためである。

＊ 地震保険の保険基準料率は地域の地震リスクにより異なる。例えば、東京、神奈川、静岡、高知などの8都県は3等地として料率が高い。

表　各種保険への加入状況

保険名	加入率	加入率の高い県～低い県	備　　考
火災	82%	東京・宮城～秋田・島根	加入率は建物70%、家財51% 水災への補償（特約）は66%
生命	約80%	福井・富山～沖縄	平成6年が加入率のピーク(96%)
地震	32%	宮城(52%)、愛知(42%) ～沖縄(16%)	9%(H6)→20%(H18)→30%(H27) に増加
自動車	75%	愛知～沖縄	車両保険への加入率は44%

災害と化学物質

リスク分類 ▶ ① ② ③

水害や地震では、水や津波などの外力による被害の他に、化学物質に伴う被害も生じる。水と反応する危険物も多数あるので注意する。例えば、**溶融アルミニウム**や**三塩化リン**は水と反応して**爆発**するし、アルミニウム粉や金属ナトリウムは水と反応して発生したガスは爆発を起こすことがある（**表**）。溶融アルミニウムなどは水と反応すると、水が爆発的に膨張して水蒸気爆発する。少量の水でも大きな爆発現象を起こす。

高知豪雨（平成 10 年 9 月）では高知市大津の**めっき工場**が浸水し、毒性の強い**シアン化ナトリウム**（青酸ソーダ）が大量に流出した。また、貯蔵所のリン化石灰約 3 700 kg が河川氾濫に伴う浸水と反応したため、発煙・発火し、160 世帯（約 500 人）が避難するという事故が発生した。昭和 53 年 1 月の伊豆大島近海地震（マグニチュード 7.0）では、持越（もちこし）鉱山の鉱滓（こうさい）ダムが決壊し、シアン化合物約 10 トンが狩野川を経て、駿河湾へ流出し、魚介類に大きな被害をもたらした。

東日本台風（台風 19 号：令和元年 10 月）でも、阿武隈川（あぶくまがわ）流域の福島県郡山市で 2 箇所のメッキ工場からシアン化ナトリウムが流出し、うち 1 箇所からの流出で 20 人が下痢や吐き気の体調不良を訴えた。また、千曲川の破堤氾濫に伴って、長野市穂保（ほやす）のメッキ工場からシアン化ナトリウムが流出したが、健康被害はなかった。

一方、大地震の出火原因は、ストーブ、コンロが 19% と多く、次いで電気の 18% であるが、化学物質も 15% と多い。ここで言う大地震とは関東大震災（大正 12 年）、福井地震（昭和 23 年）、新潟地震（昭和 39 年）、十勝沖地震（昭和 43 年）、宮城県沖地震（昭和 53 年）、阪神・淡路大震災（平成 7 年）である。関東大震災、新潟地震、宮城県沖地震では約 25% が化学物質によるものであった。ガソリンスタンドは地震には強いが、氾濫に伴う被災によりガソリンが流出することがある。

化学物質による主な出火原因は、1）流出した化学物質が引火、2）流出した化学物質同士が混ざり合い、発熱などの反応により発火、3）露出した化学物質が空気や水と接触し発火などである。個別物質では黄リンは自然発火するし、エーテルやメタノール*は引火性物質で火災を起こしやすい。

食品には乾燥剤のシリカゲル（白い袋）がよく入っている。水と反応すると、膨張して破裂することがあるので注意する。もっと危険なのは、酸化カルシウム（生石灰）の乾燥剤で、大量の水を加えて密封状態に置くと、熱エネルギーを生み出して危険である。

＊ アルコールの一種で有機溶媒として用いられている。

表　水と反応する危険物一覧表（56 種）

反応区分	種数	化　学　物　質　名
直接爆発	4 種	溶融アルミニウム、鉄粉、三塩化リン、アルキルアルミニウム
発生ガスによる爆発	8 種	アルミニウム粉、金属カリウム、金属ナトリウム、シアン化水素水溶液、マグネシウム、炭化カルシウム、硫化リン、エチレンクロルヒドリン
発火・ガス発生	5 種	過酸化ナトリウム、ナトリウムアミド、水素化ナトリウム、モノゲルマン、燐化アルミニウム
可燃性ガスの発生	10 種	燐化亜鉛、シラン、ジボラン、シアン化ナトリウム水溶液、シアン化ナトリウム、シアン化水素、シアン化カリウム水溶液、シアン化カリウム、シアン化亜鉛、硫化リン
可燃性物質の生成	2 種	ジクロロシアン、クロルメチル

注）他にガス発生（11 種）、ガス<白煙>発生（8 種）、発熱（8 種）がある
出典）東京消防庁監修・東京連合防火協会：危険物データブック、pp.2 ～ 481、丸善、1988

<参考>

1）東京消防庁警防研究会監修・東京連合防火協会：危険物データブック、丸善、1988
2）末次忠司：河川の減災マニュアル、pp.262 ～ 263、技報堂出版、2009
3）岐阜県ホームページ：化学物質取扱事業者のための震災対策について（みずほ情報総研）

平常時

災害が発生する危険性が高い場所

リスク分類▶①②

災害はいつ、どこで発生するか不明な不確実性があり、とくに地震や火山噴火などは発生直前にならないと予測は困難である。発生実績を見るには、地震では「震度データベース＜巻末の参考＞」があるし、想定された危険度から見ると、火山は活動度が高いランクA、Bの火山、火山噴火は警戒レベル5、4の火山が危険性が高いと言える。

しかし、水害や雪崩災害などは地形などにより、ある程度は危険性がわかるので、土地や不動産の購入にあたっては、考慮する必要がある。その際、さまざまな災害のリスクから判断する必要があるが、最近発生した災害について考えることはあっても、多くの災害のことまでは気が回らないし、意外にまとめて書かれたものはないので、以下に示した災害ごとの危険箇所を参考とする。

・洪水の越水：断面積が狭い（狭窄部（きょうさくぶ））上流、河積が狭い（堤防高が低い、川幅が狭い）区間、合流点上流の本川・支川、橋梁の上流（とくに流木閉塞に要注意）

・津波：沿岸ほど狭くなるV字形の場所、浅瀬の海岸、河川沿い（遡上（そじょう）速度が速い：陸上が時速10～30km に対して、河川は時速30～45km）

・土砂災害：傾斜地（土石流15度、がけ崩れ30度以上）、地質（マサ土＜風化花崗岩＞、シラス）、構造線・断層がある地域、荒廃度が高い（はげ山）地域

・液状化：地下水が高い砂地盤、旧河道、軟弱地盤、埋立地

・雪崩：30～45度の傾斜地、木が生えていない場所、崖や岩肌から雪がはみだしている場所

地震の危険箇所については、J-SHIS（地震ハザードステーション）のサイトを見れば、活断層の位置、地震動予測結果、30年先の地震発生確率などの地震危険度を知ることができる。

地名を見ると、災害危険性がわかる場所がある。例えば、津留（つる）は鶴のように湾曲した地形で浸水しやすい。浸水しやすい地形の地名は他に、池、袋、窪（久保）、河内（川内）、駒、釜などがある。また、蛇崩（じゃくずれ）や蛇抜（じゃぬけ）は土石流が多い地名、莪や野毛（崖からきている）はがけ崩れが多い地名である。

＊ 浸水・津波・土砂災害・液状化はおのおののハザードマップで、その危険性を知ることができる。また、土砂災害･雪崩はおのおのの危険箇所が示されるとともに、土砂災害は非常に危険性が高いレッドゾーン、危険性が高いイエローゾーンも示されている

複合災害

リスク分類▶①②

地震による大きな揺れにより、堤防が沈下し、そこに津波が遡上すると、堤防を越水して浸水被害が発生する。昭和39年6月の新潟地震(マグニチュード7.5)では、地震により信濃川堤防が沈下・陥没したところへ津波(1～2mの高波、最高で6m)が遡上したため、堤防を越水し、約1万世帯が床上浸水となった。

また、地震や豪雨により、土砂崩れが発生すると、崩落した土砂により**河道が閉塞**され、堰止め湖が形成される。堰止め湖が決壊すると、下流の地域で浸水被害となる。長野県の善光寺地震(1847年5月：マグニチュード7.4)では、松代領内で4万箇所を超える山崩れが発生した。とくに虚空蔵(こくぞう)山の崩壊は千曲川支川の犀川を閉塞し、約30kmの湖が形成された。そして、地震発生の20日後にこの湖が決壊したため、善光寺平は大洪水となり、100人以上が亡くなった(**図**)。

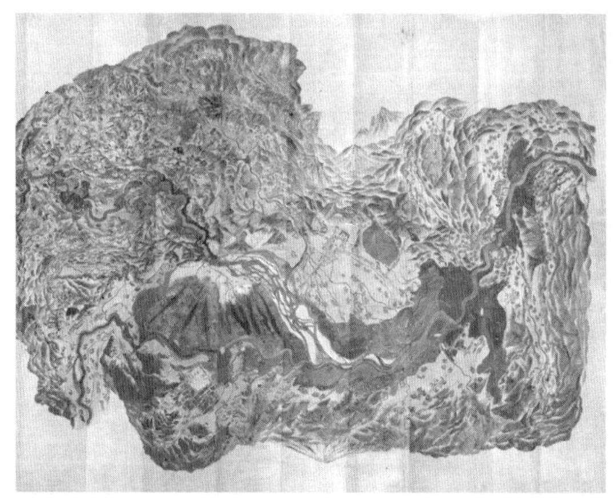

図　信州地震大絵図(善光寺地震)
出典)真田宝物館所蔵(収蔵品データベース)

最近では、平成23年9月に紀伊半島で大規模な土砂災害に伴う複合災害が発生した。4日間に及ぶ2000mm以上の豪雨により、半島全体で約1億m^3の土砂崩落*があり、17箇所で河道閉塞が生じた。最大の崩落箇所は熊野川の栗平(くりだいら)地区で、1390万m^3の土砂崩落があり、閉塞による堰止め湖の高さは100mであった(**写真**)。幸い、堰止め湖の決壊は免れたため、洪水や土石流災害には至らなかった。

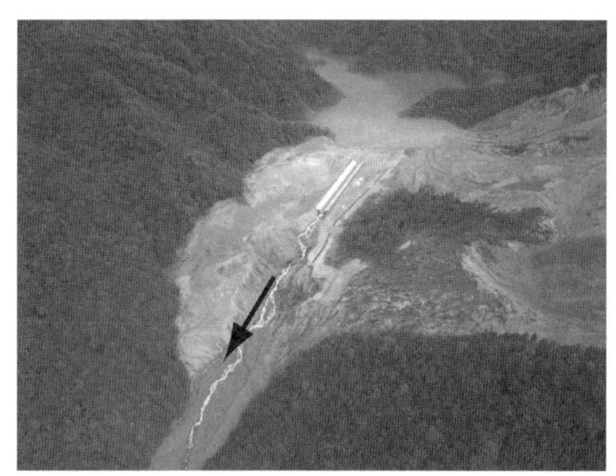

写真　熊野川・栗平地区の堰止め湖（平成 23 年）

出典）国土交通省近畿地方整備局ホームページ（https://www.kkr.mlit.go.jp/plan/saigairaiburari/2011_t12/category_heisoku_totukawa-kuridaira.html）

堰止め湖が決壊すると、大きな被害が発生するので、湛水排水のための仮排水路を建設し、ポンプ排水する必要がある。決壊に対しては、水位観測して警戒するが、堰止め湖は山奥の人が進入できない場所にできるため、無人観測する必要がある。そこで、開発されたのが、土木研究所の投下型水位観測ブイで、ブイには湖底に着床するセンサーと衛星通信装置が入り、水面に浮かんだブイにより、水深データを把握できる。

洪水と地震が同時生起した複合災害はないが、生起日が近かった事例はある。昭和 23 年 6 月に発生した直下型の福井地震（マグニチュード 7.2）では九頭竜川（くずりゅうがわ）の堤防が被災した（31 箇所被災、堤防が 1 ～ 5 m 沈下）。その 1 か月後に梅雨性豪雨により随所で破堤災害が発生した。

＊ 近年では平成 20 年 6 月の岩手・宮城内陸地震（マグニチュード 7.2：約 1.3 億 m^3 の土砂流出）に次ぐ大規模土砂崩落であった

<参考>

1）　田畑茂清・水山高久・井上公夫：天然ダムと災害、pp.21 ～ 24、古今書院、2002

2）　国土交通省近畿地方整備局：2011 年紀伊半島大水害 国土交通省近畿地方整備局 災害対応の記録、pp.27 ～ 29、2013

3）　末次忠司：技術者に必要な河川災害・地形の知識、pp.130 ～ 131、鹿島出版会、2019

平常時

リスクの連鎖

リスク分類▶①②

複合災害と類似しているが、災害等の発生に伴って、リスクが連鎖的に発生することがある。いろいろな事例があるが、ここでは、台風に伴う停電と強風を例にとって説明すると、以下の通りである。人の死傷や家屋の損壊だけでなく、ライフラインへの影響や施設・植物への影響も生じることがわかる。停電により、銀行機能が停止すると、海外の銀行に影響を及ぼす場合もある。

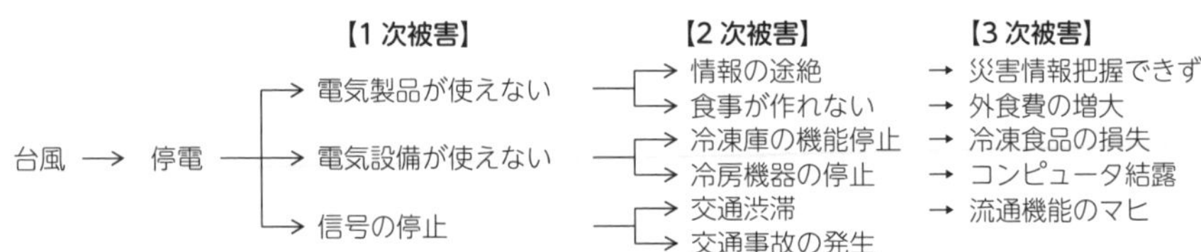

図　台風による停電に伴うリスクの連鎖

出典）末次忠司：河川の減災マニュアル、p.264、技報堂出版、2009

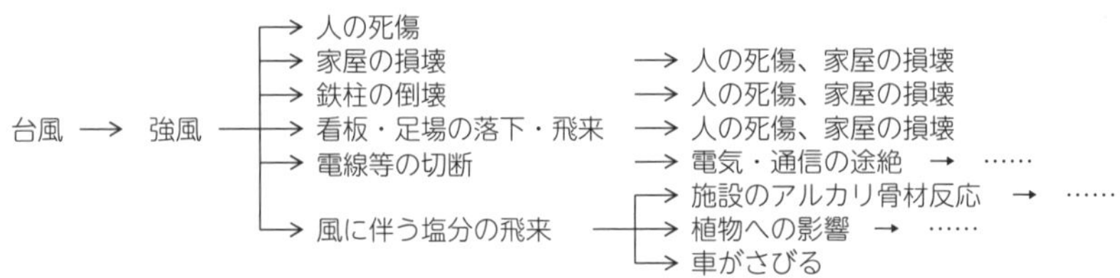

図　台風の強風に伴うリスクの連鎖

注）図中の……は、その後も影響が連鎖することを表している

心理的に見た減災の阻害要因

リスク分類▶①②

災害時、とくに避難について判断するとき、各人には心の葛藤が見られる。その際、安全側を見て避難行動を行うのであれば問題ないが、誤った経験に基づいたり、見て見ぬふりをして、避難しない人が多い。これらは下記した減災行動に対する心理的な阻害要因であると言える。とくに④や⑦などがよく見られる阻害要因である。

① エキスパート・エラー：本来自分の五感で行うべき状況の認知を行わずに、係員・エキスパート（専門家）の言うことが正しいこととし、疑わずに信じる心理をいう

② 空気で決められる：第二次世界大戦末期の不利な状況（米国が制空権を握る）下で、戦艦大和の出撃は当時の根拠やデータではなく、もっぱらその場の空気で決められた

③ 危機意識が低い：新たな不安、恐怖、危機意識を呼び起こす仕組みが必要で、それらがないと、防災行動に対する意識が低く、行動を開始しない

④ 誤った災害経験：軽微な災害を経験すると、次の災害に遭遇したとき、「どうせ大したことないだろう」と避難行動を遅らせたり、阻害する要因となる

⑤ 模倣性・感染性：隣人や知り合いなどが避難すると、つられて避難する「模倣性」、「感染性」が見られるが、そうした周囲の人の行動がないと、避難すべきか否か迷ってしまう

⑥ 多数派同調バイアス：どうしてよいか迷ったときは、周囲の人の動きを探りながら、同じ行動をとる。集団同調性バイアスともいう

⑦ 正常化の偏見：目の前で起きていることが起こるはずのない出来事*で、何かの間違いであると正常化の方向に心理が働き、緊急時の対応行動をとらない。正常化バイアスともいう

「はじめに」において、危機意識は国民性と関係していることを述べたが、性格的には真面目で悲観的な性格の人が、慎重でリスクを見極め、それを回避できる能力を有していて、これが長く生き残るために重要な性質である（中野「空気

を読む脳」)。

＊ 自分には関係ない、自分には起きないことだと、他人事のように考えてしまう

<参考>

1) 広瀬弘忠：人はなぜ逃げおくれるのか、p.86、p.95、pp.97 ～ 98、集英社文庫、2004
2) 山村武彦：人はみな「自分だけは死なない」と思っている、pp.28 ～ 29、pp.111 ～ 113、宝島社、2011
3) 末次忠司：水害から治水を考える－教訓から得られた水害減災論、pp.69 ～ 70、技報堂出版、2016
4) 中野信子：空気を読む脳、講談社＋α新書、p.192、講談社、2020

ハザードマップで注意すること

リスク分類▶①

近年、台風などによる豪雨前に、洪水ハザードマップを見ることが重要であると、気象庁や気象予報士などより伝えられたため、かなり認知度は上がってきているが、まだマップの見方や使い方は十分ではない点が見られる。また、地域住民に配布しても、使わずに廃棄してしまう人がいる。

・洪水ハザードマップ：破堤が想定されていない中小河川が破堤または越水すると、マップ上で浸水なしや小浸水の地域でも、大きな浸水となる可能性がある。避難方向が示されたマップもあるが、破堤河川や破堤箇所によっては氾濫流の方向が変わるかもしれないので、（マップの方向とは異なる）それに対応した方向に避難する。地表面や盛土の一部が道路建設などのために開削（改変）されると、そこを通じて氾濫水が長距離流下する場合がある。都市河川などでは、道路建設などのために、フタがされた河川があり、この河川の水害危険性はマップには書かれていないので注意する

・高潮ハザードマップ：他のハザードマップに比べて、作成・公表率がかなり低い。これは作成開始年（平成10年）が遅かったことが一因である。気圧や風、潮位（大潮など）が計算条件に近い場合は、実際の現象に見合った浸水深や範囲となるが、そうでない場合についても考えておく

・津波ハザードマップ：計算の条件やマップの見方が書かれていないマップがある。津波の波高が計算条件に近い場合は、実際の現象に見合った浸水深や範囲となるが、そうでない場合についても考えておく

・液状化（ハザード）マップ：マップには想定した地震による発生予想地域が書かれており、地震の種類や規模により発生地域や被災程度が異なる場合がある。また、危険度に局所的な土地履歴の違いまでは反映されていない

・土砂災害ハザードマップ：レッドゾーン（土砂災害特別警戒区域）やイエローゾーン（土砂災害警戒区域）が主な対象であり、それ以外の地域は危険度が示されていないマップがある。豪雨や地震などの規模が計算規模と異なると、土砂災害の規模（堆積厚、範囲）も異なってくる

なお、以前の洪水ハザードマップ（L1：Level の L）は、超過確率 1/80 ～ 1/200 に対する降雨量による洪水を対象にしていたが、想定最大規模降雨（L2）

平常時

ではこれより大きな降雨量（平均で約2倍、最大で約3倍）による洪水を対象としているので、かなりの危険度に対する状況と考える。L2は降雨特性から選ばれた地域ごとの流域面積～降雨量グラフより、流域面積および降雨継続時間に対応した最大降雨量を求めている。降雨波形は氾濫被害が最大となるものを採用している。

豪雨の発生原因

リスク分類▶①

20世紀に死者・行方不明者数が千名以上の水害が9回発生した。このうち、7回は台風が原因であった（台風と梅雨前線の両方が影響した水害もある）。このように、大水害は台風を原因とするものが多いが、豪雨の発生原因には台風の他に、前線、低気圧などがある。

過去に発生した大洪水の発生原因を見ると、多くの地域で台風が原因となるが、九州西部地方だけ梅雨前線が多い。積乱雲が熱帯低気圧となり発達し、中心付近の最大風速が17.2m/s以上になると台風と呼ばれる。一方、ヒマラヤ山脈で別れた偏西風に伴うジェット気流が、日本の東方海上で合流するときに形成された北のオホーツク海高気圧と、南の太平洋高気圧の間にできる不連続線が梅雨前線である。

梅雨（停滞）前線を構成する寒冷前線は、狭い範囲に大雨をもたらし、温暖前線は広い範囲に少雨をもたらす。前線の北に曲がった部分には、暖かく湿った空気が流れ込みやすい。また南方海上から湿った大量の水蒸気（湿舌）が梅雨前線に供給されると豪雨となり、梅雨末期の集中豪雨と呼ばれる。典型的な前線性豪雨は昭和57年7月の長崎水害で、439人が死亡した。前線には他に秋雨前線があり、台風と一体となって大雨をもたらす。

梅雨末期などに，組織化した積乱雲群が通過または停滞すると、線状降水帯となって、同じ地域に豪雨を長時間もたらす。令和2年7月豪雨の球磨川流域では、線状降水帯が11時間半にわたって停滞し、大雨をもたらし、水害が発生した。

低気圧や気圧の谷（低気圧から高気圧に向かって、等圧線がくぼんでいる場所）も雨をもたらす。低気圧は急速に発達して、雨や風が強まることがある。猛暑の夏などに、上空（5 500m）に寒気が入り、地上との温度差が40度以上になると、積乱雲が発達して豪雨（夕立）となる。夕立では雷やひょう（5mm以上）などを伴うことがある。ひょうは寒い冬よりも、春や秋に降ることが多い。

最大雨量では時間雨量の187mm（長崎：昭和57年7月）は梅雨前線であるが、日雨量の1 317mm（徳島：平成16年8月）は台風によるもの（**表**）で、長時間降雨は台風によるものが多い。紀伊半島南部（平成23年9月）で発生した2 000mm以上も台風によるものであった。

表　降雨量の極値

順位	時間雨量			日雨量		
第１位	長与（ながよ）（長崎）	187.0mm	1982.7 梅雨	海川（かいかわ）（徳島）	1 317mm	2004.8 台風
第２位	福井（徳島）	167.2mm	1952.3 低気圧	日早（ひそう）（徳島）	1 114mm	1976.9 台風
官署 第１位	香取・佐原 （千葉） 長浦岳 （長崎）	153mm 153mm	1999.10 台風 1982.7 梅雨	箱根 （神奈川）	922.5mm	2019.10 台風

注）気象庁は気象官署の１位を正式な１位としている

<参考>
1）倉嶋厚：おもしろ気象学 秋・冬編、pp.26～29、朝日新聞社、1986

天気予報の知識

リスク分類▶①

気象庁は1日3回（5時、11時、17時）天気予報を出している。天気予報では、いろいろな気象用語が出てくるので、その意味を知っておくことが、気象災害に対応するうえで、重要である。気象用語で半分以上の人が意味をよく分かっていない用語に、「時々」や「一時」などがある。新聞などに掲載されている気圧配置図を見てもためになる。例えば、低気圧の東に温暖前線（少雨）、西に寒冷前線（強雨）が配置し、移動に従って寒冷前線が温暖前線に追いつくことがわかる。今後の天気予報を電話で聞く場合、177（覚え方：いい天気になれなれ）に電話するが、地域の天気を知りたい場合は、その地域の市外局番（東京の場合は03）を177の前につける。

・降水確率：1mm以上の雨または雪が降る確率、降水量の多少は関係ない。雨量は降雨量、雪を含めると降水量と言う。降水確率0%はれい・パーセントと呼ぶ。降水確率は10%刻みで発表されるため、0%は雨が降る確率が限りなく皆無に近いが、まったく降らない訳ではない（ゼロ・パーセントはまったく降らないことを表す）。東京地方で降水の的中率は87%、天気予報の的中率は82%である

・発雷確率：落雷と雲中での放電現象が対象区域（20 × 20km）内で、一つ以上発生する確率を言う

・記録的短時間大雨情報：各地で定められた時間雨量（福井80mm、東京100mm、高知120mmなど）を超過した際に発表される情報（予測情報ではない）

・警報：大雨などの危険が迫ったときに出されるもの（現象発生後の場合もある）で、大雨、洪水、高潮、波浪、暴風、暴風雪、大雪（7種類）がある。特別警報は洪水を除いた6種類がある（洪水は大雨に含まれる）

・高気圧と低気圧：1気圧は1 013hPaであるが、天気予報では相対的に高い気圧を高気圧、相対的に低い気圧を低気圧と言う

・爆弾低気圧：春や冬に北日本付近で急速に勢力が発達する温帯低気圧。緯度により異なるが、北緯40度（秋田市付近）では24時間で17.8hPa以上低下する低気圧（ゲリラ豪雨と同様、爆弾低気圧は気象庁の気象用語ではない）

- 南岸低気圧：低気圧が日本列島の南側（八丈島付近）を通過すると、北から寒気を引き寄せ、首都圏で雪が降る可能性がある。冬型の気圧配置では、寒気が山を越えるときに乾燥するので、首都圏では雪は降らない
- 気圧の谷：気圧が高い高圧部と高圧部の間の気圧の低い所を「気圧の谷」と言い、低気圧や前線がなくても、雨が降りやすい。「気圧の尾根」もある
- ○○一時△△：現象が連続的で、予報期間の1/4未満のとき
- ○○時々△△：現象が断続的で、予報期間の1/2未満のとき。「時々」の方が「一時」より、降雨時間が長い
- くもり所により雨：くもりだが雨の降る所も一部ある（雨の降る地域が狭い、複数のまばらな地域で雨が降る）。天気マークはくもりだけで、気象予報士が「雨が隠れている」とよく言う
- くもりのち雨：「のち」は天気の順番を指し、「くもり」のあとに「雨」の時間があることを意味する
- 最大風速：10分間の平均風速、最大瞬間風速は瞬間値（3秒間平均）で最大風速の約1.5倍
- 時刻の表現：未明（午前0～3時頃）、明け方（午前3～6時頃）、夕方（午後3～6時頃）、宵（よい）のうち（午後6時頃～9時頃）

台風に関する知識

リスク分類▶①

平均すると、台風は1年で約26個発生し、うち3個上陸するが最大で10個上陸した（平成16年）。台風は海水温が高い（26～27度以上）海上で発生するが、赤道上では発生しない。地球上には自転に伴う見かけの力であるコリオリの力（北半球では東へ移動させる）が作用しているが、赤道上はこの力が働かず、渦ができないからである。そのため、台風は北緯5～20度の領域で発生する。

台風のもととなる熱帯低気圧は発生した領域で呼び名が異なり、北大西洋、カリブ海、メキシコ湾ではハリケーン、インド洋ではサイクロンと呼ばれる。ハリケーンは中心付近の最大風速が33m/s以上になった場合に命名されるので、台風よりも勢力が強い。

台風は海水温が高い、または（海水温が高いために）供給される水蒸気量が多い場合（1度高いと水蒸気量は7%多くなるので、2～3度の影響は大きい）に勢力が強くなる。この水蒸気が何重からなる筒状の上昇気流により上空に運ばれると、雨雲を形成する。地球温暖化に伴って、海水温は高くなる傾向にあるので、今後勢力の強い台風の襲来が懸念される。

台風は中心（目）が到達する前から豪雨をもたらす。北側に前線があると、さらに早い時間から豪雨となる。地理的には南東斜面に面している地域の豪雨が多い。日本近海での移動速度は1日で300～900km（平均770km）で、24時間先の進路予想は100km程度（東京～水戸）の誤差はあることに留意する。複数の台風が1 000km以内に入ると、互いに影響しあって迷走したりして（「藤原の効果」と言う）、進路予想が難しくなる。また、温帯低気圧に変わっても、構造が変化した（暖かい空気に冷たい空気が加わった低気圧）だけで勢力はそれほど変わらないので、依然注意する。

台風には雨台風と風台風があり、対応が異なる。代表的な雨台風にカスリーン台風（昭和22年）、台風17号（昭和51年）、台風19号（平成2年）、台風23号（平成16年）があり、代表的な風台風に洞爺丸（とうやまる）台風（昭和29年）、台風19号（平成3年）、台風18号（平成16年）、東日本台風（令和元年）などがある。洞爺丸台風ではタイタニック号*（死者1 513人、1912年4月）に次ぐ死者1 361人＋行方不明400人が犠牲となった。一般的に台風の東側で強風災害が多く発生する。

平常時

超大型の台風は風速15 m/s以上（強風域）の半径が800 km以上で、猛烈な強さの台風は最大風速が54 m/s以上のものである（**図**）。風速が25 m/s以上になると、暴風域となる。また、台風の中心の東側で強風となる。中心付近の最低気圧が950 hPa以下、最大風速が秒速30 m以上が、要注意の台風の目安となる。

スーパー台風の台風30号（2013年11月）はフィリピン・サマール島の上陸直前で、最低気圧860 hPaの世界記録を記録した。最大風速も65 m/sと速く、レイテ州では住宅・構造物の70～80%が破壊するなど、全土で被災者1 600万人以上、死者・行方不明者7 300人の大きな被害となった。

台風は秋雨前線や高潮を伴う。秋雨前線は日本の南岸に停滞し、台風が到来する前に大雨（台風からの暖かく湿った空気で刺激）をもたらす。梅雨前線のときほど、太平洋高気圧の勢力が強くないので、南方からの湿った暖気流の流入が少なく、梅雨前線ほど長雨にはならない。

また、潮位は気圧が1 hPa下がると約1 cm上昇し、風速の2乗に比例する風の吹き寄せも海水位を上昇させる。伊勢湾台風では3.45 m（干満の影響を除いて）上昇したし、大阪湾で大きな高潮が観測されている。高潮が大潮（2回/月）や満潮（2回/日）時刻と重なると、さらに潮位が高くなる。また、西から東へ流れる河川（吉野川、大淀川など）でも高潮で水位上昇しやすい。台風は数日前から高波を起こすし、台風が通過しても数日後までは高波が続くので、漁や海のレジャーでは気を付ける（台風は波に始まり、波に終わる）。

過去20年間で、台風に関して更新された記録は以下の通りである。

・平成16年：台風が10個上陸（平均3個で、過去最高は平成2、5年の年間6個）

・平成28年：台風が最初に東北地方太平洋側に上陸、日本で生まれた台風のなかでは11日と3時間の最長寿台風となった（8月の台風10号）

・平成29年：台風が本土4島すべてに上陸（9月の台風18号）

・平成30年：台風が本州を東から西へ横断（7月の台風12号）

・令和2年：7月の台風発生なし

＊ タイタニック号は氷山に衝突して沈没したが、最近判明した理由として、氷山に衝突して船体内に水が侵入してきても、客船には隔壁があり、一気に侵入することはない。しかし、当時蒸気を起こすための燃料である炭に火がついたため、火がついた大量の炭をボイラに入れた。その結果、隔壁が損傷して、船体内へ速く水が侵入したのが沈没した一因であることが分かった

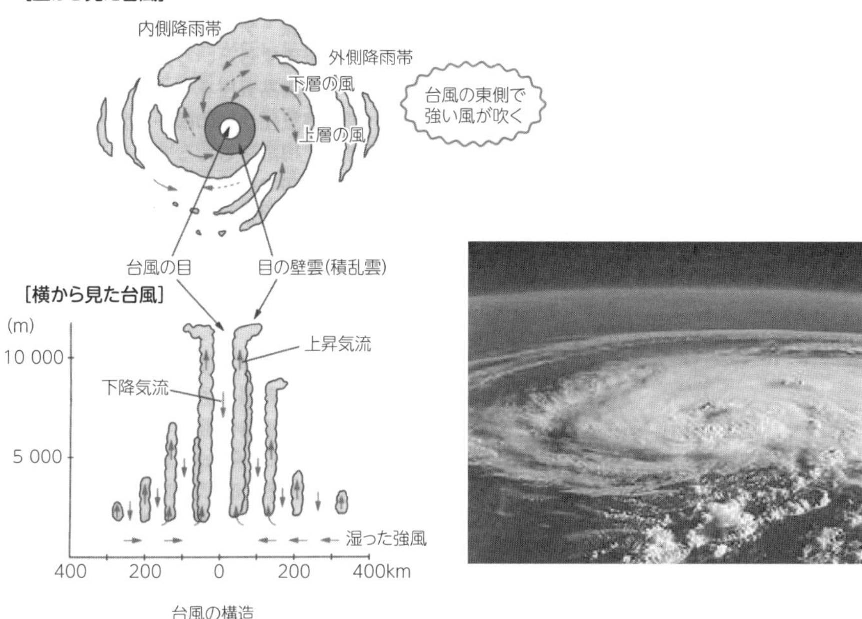

図　台風の構造図と衛星から見た台風の渦

出典）末次忠司：これからの都市水害対応ハンドブック、p.113、山海堂、2007

＜参考＞

1）　末次忠司：これからの都市水害対応ハンドブック、p.89、山海堂、2007

2）　末次忠司・長井俊樹：都市水害の実態と減災方策、No.363、p.87、日本治山治水協会、2018

主要な水害の概要

リスク分類▶①

江戸時代には1万人以上が犠牲となる「天明の洪水」、「シーボルト台風（1828年9月：死者約2万人）」、「安政の大風災（**図**）」などの大水害があった。20世紀には死者・行方不明者数が千名を超える水害が9回発生した。戦後で最多の犠牲者を出したのは、昭和34年9月の伊勢湾台風で、高潮などにより5千人以上が亡くなった（**表**）。長崎水害（昭和57年7月）では400人以上、西日本水害（平成30年7月）では200人以上が犠牲となった。

水害では河道からの越水や破堤に伴う氾濫はもちろんであるが、それ以外の災害も発生している。安政の大風災、明治43年水害、伊勢湾台風では高潮が発生して、多くの犠牲が出たし、長崎水害などでは土石流などの土砂災害が発生した。安政の大風災では火災による犠牲者も出た。

戦後は治水施設（堤防、ダムなど）の整備や気象・避難情報の伝達などにより、水害による死者・行方不明者数や被災家屋数は著しく減少した。しかし、**水害被害額**は年変動はあるものの、ここ60年間傾向としてはほぼ**横ばい**である。これは水害発生箇所（浸水面積）は減少したが、人口・産業・資産が集積した**都市水害**の増加*に伴って、トータルとしての被害額が減っていないからである。

昭和に入ってからの代表的な水害として、昭和三大台風がある。表中の室戸台風、伊勢湾台風と枕崎台風である。何れも気圧が低く、風速の強い大型台風であった。とくに枕崎台風（昭和20年9月）は戦争直後の水害であまり知られていないが、原爆被災者を治療していた広島・大野陸軍病院を土石流が襲い、約180人が死亡するなど、土砂・洪水災害により、約4千人が亡くなった。柳田邦夫の「空白の天気図」の題材ともなった。

過去30年間（昭和60年～平成26年）の水害被害状況（年平均）を都道府県別に見ると、

・水害被害額　1）兵庫323億円、2）新潟304億円、3）愛知286億円
・死者・行方不明者数　1）鹿児島7.3人、2）広島5.5人、3）熊本3.9人
・被災家屋棟数　1）愛知4 752棟、2）大阪4 108棟、3）埼玉4 084棟

となっていて、都市圏における水害被害が多いが、死者・行方不明者は土砂災害が多い県が多い。

＊ 都市水害が増加した一因は、都市化（地面などがアスファルトなどで被覆化、エアコンや車からの排熱）に伴って、活発化した上昇気流により、豪雨が増加したからである

写真　安政の大風災（1856 年）による被災状況
出典）国立公文書館デジタルアーカイブ、安政風聞集 2

表　主要な水害の概要

水害名	発生年月 死者・行方不明者数	水　害　の　概　要
天明の洪水	1786（天明 6）年 8 月 約 3 万人	集中豪雨により、関東地方を中心に水害が発生した。浅間山噴火（1783 年）の泥流・火山灰による河床上昇の影響もあり、江戸での浸水深は 1.5 ～ 4.8m であった
安政の大風災	1856（安政 3）年 9 月 10 万人余	関東地方などで台風による暴風、高潮による浸水・溺死に加えて、火災による犠牲者も多数いた
明治 43 年水害	1910（明治 43）年 8 月 2 497 人	台風と梅雨前線により、利根川、荒川、北上川などで水害が発生した。特に利根川堤防が破堤し、中上流で氾濫した（群馬県で 310 人が死亡）。また、利根川の中条堤（二線堤）が決壊したり、高潮で東京が大氾濫となった
室戸台風	1934（昭和 9）年 9 月 3 066 人	史上最低気圧（912hPa）と風速（60m/s）を記録し、大阪市では小学校の校舎倒壊により教員・生徒 750 人が死亡した他、全国で 62 万棟以上の家屋が被災した
伊勢湾台風 （台風 15 号）	1959（昭和 34）年 9 月 5 098 人	被災者は全国で約 153 万人となった。伊勢湾では高潮により貯木場の貯木が運ばれ、人命や家屋に被害がおよんだ。犠牲者の約 9 割は沿岸部で発生した
長崎水害	1982（昭和 57）年 7 月 439 人	集中豪雨により土石流が多発した他、低地では氾濫や地下水害が発生した。5 回目の大雨・洪水警報の発令に対応せず、多数の住民が被災した
台風 23 号 円山川水害 ほか	2004（平成 16）年 10 月 91 人	台風 23 号の豪雨により、軟弱地盤で地盤沈下が進行していた豊岡盆地の円山川と支川の出石川で破堤氾濫が発生した。兵庫、京都で多くの犠牲者がでた
西日本水害	2018（平成 30）年 7 月 231 人	前線と台風 7 号により、西日本の広範囲で大雨となったが、特に高梁川の洪水が支川の小田川に流入し、小田川及びその支川で越水破堤した。岡山県真備町では逃げ遅れた人など 51 人が犠牲となり、9 割以上が溺死であった

平常時

表　昭和三大台風の特性比較

	室戸台風	枕崎台風	伊勢湾台風
上陸年月日	昭和 9 年 9 月 21 日	昭和 20 年 9 月 17 日	昭和 34 年 9 月 26 日
最低気圧	912hPa（室戸岬）	916hPa（枕崎）	929hPa（潮岬）
最大風速 最大瞬間風速	45m/s 以上（室戸岬） 60m/s（室戸岬）	51m/s（宮崎 細島） 76m/s（宮崎 細島）	45m/s（伊良湖） 55m/s（伊良湖）
死者・行方不明者数 被災家屋数	3 036 人 62 万棟	3 756 人 44.6 万棟	5 098 人 55.7 万棟

＜参考＞

1） 末次忠司：水害リスクの減災力、pp.110 ～ 111、鹿島出版会、2016

2） 末次忠司：河川技術ハンドブック－総合河川学から見た治水・環境、p.83、pp.132 ～ 133、鹿島出版会、2010

水害が発生しやすい場所

リスク分類▶①

家を建てたり、アパートを借りるとき、水害被害がなるべく発生しない場所を選ぶ必要がある。例えば、国土地理院（ホームページ）の治水地形分類図（**図**）を見ると、旧堤防の表示があり、旧堤防の間にある新堤防区間には堤体内に砂利層があり、浸透しやすい。氾濫すると、旧河道に沿って氾濫水が流下しやすい。氾濫に伴って土砂が堆積した自然堤防は周囲より地盤高が高く、浸水被害を受ける危険性が低いので、家を建てるときの参考となる。

<洪水が越水しやすい>

堤防高が低い、狭窄部の上流、本支川などの合流点上流、河床勾配変化点、橋梁上流（とくに流木閉塞後）、湾曲部外岸側

<堤防が破堤しやすい>

堤防高が部分的に低い、堤体の断面積が狭い、裏のりの勾配が急、裏のりの植生が少ない、天端（てんば）（堤防の上面）が舗装されていない、浸透しやすい*、水防活動が行われない

<氾濫水が流れやすい>

旧河道、フタがされた河道、相対的に標高が低い地域（等高線が平面的に凸）

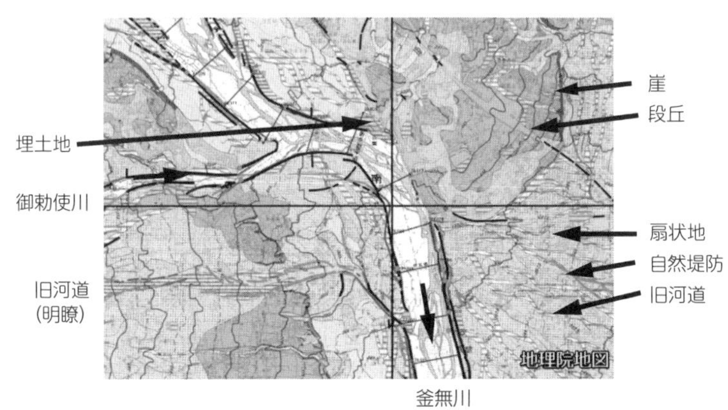

図　治水地形分類図（釜無川と御勅使川の合流点付近）

出典）国土地理院ウェブサイト（https://www.gsi.go.jp/bousaichiri/bousaichiri41043.html）

＜浸水深が高くなりやすい＞

堤防・道路・丘陵に囲まれた閉鎖性流域、盛土（堤防、道路、鉄道）の上流、埋立地の背後地

＜浸水時間が長くなる＞

相対的に標高が低い地域（沼地、旧河道、埋立地の背後地）

なお、河道の計画高水位より標高が低い洪水想定氾濫区域は全国面積の約10%あり、そこに人口の約50%、資産の約75%が集積していて、いったん河川氾濫が発生すると、都市部の住民・産業が大きな浸水被害を受ける。洪水想定氾濫区域面積／平地面積の割合で見ると、岐阜100%、大阪94%、福岡89%、名古屋・北九州87%などの割合が高く、浸水の危険性が高い。

＊ 浸透しやすいのは堤体土質が砂、モグラ穴（穴のφ5～15cmで、河川の平水位より高い所にある、モグラ穴には1匹がすみ、寿命は約5年）などの水みちがある、新旧堤防の交差箇所などである

＜参考＞

1） 末次忠司：河川の減災マニュアル、pp.214～217、技報堂出版、2009

地下施設の水害

リスク分類 ▶ ①

都市部には多数の地下施設がある。地下街は全国に78箇所、約120 haあり、東京・八重洲地下街は7.3 haの面積を有する。地下鉄は都内だけでも、駅が約280箇所、総延長は乗り入れ延長も含めて335.5 kmもある。他に地下駅、地下駐車場、地下変電所、共同溝などがある。都内の400変電所のうち、約160箇所は地下にある。また、東京ガスのLNG地下タンクは地下62 mに埋設されている。

とくに**地下鉄**は浸水被害を受けやすい。これは歩道面と同じ高さに**換気口**（東京メトロだけで900箇所以上ある）があり、**水が流入しやすい**ためである。また、地下鉄・地下街を通して言えるのは、**表**のようにおおむね時間雨量が70 mmを超えると、地下水害が発生していることである。

浸水深の大きな被害は昭和48年8月の名城線・平安通駅（名古屋市営地下鉄）で発生したホーム面上40 cmで、東海豪雨（平成12年9月）でもホーム面上90 cmの被害となった。名城線・平安通駅で大きな浸水被害が発生したのは、駅の東にある矢田川から西へ地盤が傾斜し、雨水が集まりやすい地形だからである。同じ地下鉄駅で被害が発生することは多く、福岡市営地下鉄の博多駅でも、平成11年6月（**写真**）と平成15年7月に水害被害が発生した。

地下鉄では浸水は通路などを通じて水平方向に拡散するが、途中に下層階への階段や出入口があると、水平方向より速く鉛直方向に拡散する。東京メトロのように勾配が急な路線がある所*では、浸水の伝播速度は1～10 km/hである。半蔵門線の永田町に至る路線などが急勾配である。浸水がダクト、マシーン・ハッチなどを通じて拡散する場合もある。

東京メトロでは東京都洪水ハザードマップなどに基づいて、6 mの水圧に対応できる耐水圧を向上させた新型浸水防止機への更新、坑口・換気塔・出入口等の浸水対策を実施している。例えば、地上の出入口の腰壁上に強化ガラスによる嵩上げを行っている（出入口全体を囲う）（**写真**）。

＊ 地下鉄（東京メトロ）の立体路線図は国立国会図書館のホームページで見ることができる

表　主要な地下鉄・地下街の浸水被害

施設	発生年月	被災箇所	被災・応急対策の概要
地下鉄	1973（昭和 48）年 8月	名古屋市営名城線他	80mm/h の豪雨により、名城線の平安通駅ではホーム面上 40cm まで浸水した。東山線の中村日赤駅でも 70cm 浸水した
	1985（昭和 60）年 7月	都営浅草線西馬込駅	68mm/h の豪雨による道路上湛水が引上線開口部より西馬込駅構内に侵入し、内水被害が発生したが、防水ゲート・土のうにより浸水流入を軽減できた
	1999（平成 11）年 6月	福岡市営博多駅	77mm/h の豪雨による下水道・河道からの越水で博多駅が浸水し、約 4 時間（80 本）不通となった。同年には都内の営団半蔵門線・銀座線でも被害が発生した
	2000（平成 12）年 9月	名古屋市営名城線他	93mm/h の東海豪雨により 4 駅が浸水し、最大で 2 日間不通となり、40 万人に影響した。特に名城線の平安通駅ではホーム面上 90cm まで浸水した
	2003（平成 15）年 7月	福岡市営博多駅	25mm/h（上流の太宰府では 99mm/h）の降雨により御笠川・綿打川から越水し、博多駅で最大約 1m 浸水した。23 時間にわたって、331 本が運休し、10 万人に影響した
	2013（平成 25）年 9月	京都市営東西線御陵(みささぎ)駅	46.5mm/h の豪雨により、山科川支川安祥寺川(あんしょうじがわ)の氾濫水が京阪電鉄の地下トンネルを経由して、御陵駅に流入し、4 日間運休した
地下街	1970（昭和 45）年 11月	東京駅・八重洲地下街	河川の水圧で工事用防水壁が壊れ、水が侵入した
	1982（昭和 57）年 8月	名古屋市セントラルパーク地下商店街	33mm/h の降雨により、名鉄瀬戸線の栄橋より浸水が流入し地下街で内水被害が発生した。名鉄には防水板があったが、短時間で浸水したため、設置できなかった
	1999（平成 11）年 6月	博多駅地下街・天神地下街	77mm/h の豪雨により、博多駅地下街デイトスでは天井からの漏水等により商品被害が発生したが、浸水は地下貯水槽に排除されたため、浸水被害を軽減できた
	2008（平成 20）年 8月	名古屋駅前ユニモール	84mm/h の豪雨により、86 専門店の約 1/3 が浸水し、営業停止した。ユニモールは昭和 46 年、平成 12 年にも浸水した
	2013（平成 25）年 8月	京都駅前地下街ポルタ	約 50mm/h の豪雨により、階段を通じて浸水が流入し、20 店舗が浸水被害を受けた

出典）「末次：河川技術ハンドブック、p.155、鹿島出版会、2010」に追記

写真　地下鉄駅への浸水流入（福岡・博多駅：平成 11 年）

出典）国土交通省九州地方整備局
（http://www.qsr.mlit.go.jp/bousai_joho/torikumi/index_c17.html）

写真　東京・日本橋駅の出入口（東西線 B7 番出入口）

＜参考＞

1）末次忠司：都市の地下水害と地下施設の減災対策、水利科学、No.347、pp.1 ～ 6、日本治山治水協会、2016

2）末次忠司・長井俊樹：都市水害の実態と減災方策、水利科学、No.363、pp.92 ～ 94、日本治山治水協会、2018

地下施設の浸水対策

リスク分類▶①

前記「地下施設の水害」で説明したように、とくに都市部の地下施設で多数の浸水被害が発生している。浸水は地下施設に被害を引き起こすだけでなく、ビジネスや生活の足を奪ったり、買い物、ライフラインにも影響を及ぼす場合がある。

地下施設それぞれに浸水対策を施すことも重要であるが、とくに都市部の地下ではビル、地下街、地下鉄などの施設が**複雑にネットワーク状に配置**されているため、包括的な浸水防止対策を講じなければならない。極端に言うと、1箇所でも対策を実施していなければ、浸水被害が発生するので、豪雨時は注意する。

地下施設に共通する対策としては、出入口の防水板（止水板とも言う）、標高の低い箇所への排水ポンプの設置、ステップの配置などがある。ステップとは出入口に設ける段差のことで、地上の浸水深は10分間で10～20cm上昇するので、20cm程度のステップで浸水の流入を10～20分間遅らせることができる。浸水深の上昇が速い地下ビルや地下室には非常階段（はしご）を設置しておく。

各地下施設における浸水対策は**表**の通りである。表中の自動浸水防止機は時間30mmの雨量をセンサーが感知して閉鎖するものである。自動ではないが、遠隔操作で閉鎖できるものもある。また、地下鉄の鋼鉄製の防水扉（**写真**）は、線路を通じて浸水が広がらないように、トンネルを閉鎖するため、江東デルタ（都営新宿線、浅草線）に設置されている。

最近行われている東京メトロの水害に対する減災対策は、以下の対策などがある。

- 東京都洪水ハザードマップに示された浸水深などに基づいて、6mの水圧に対応できる新型の浸水防止機を設置する
- 耐水圧を向上させた坑口・換気塔・出入口の浸水対策を行う。例えば、地上の出入口の腰壁上に強化ガラスによる嵩上げを行う
- 水の侵入経路となる坑口に防水ゲートを設置する

一般家庭では、地下室と地下駐車場が対象となる。地下室は半地下であっても、地盤高が低い地域では浸水が流入し、短時間で水位上昇するので注意する。平成11年7月に東京・新宿区で浸水が発生し、地下1階の物置にエレベータで行った男性が戻るとき、水圧で扉が開かず、エレベータも動かず、浸水被害にあった。

浸水は川からの氾濫ではなく、地表の水が道路を通じて低い所に集まったものである。また、地下駐車場は出入口が広いので、途中に支柱を立てて複数の防水板を挿入するようにする。

表　地下施設における浸水対策

施設名	氾濫水の流入箇所→主要な浸水対策
地　下　鉄	・換気口→浸水防止機（手動、自動）（写真） ・隧道（ずいどう）内→防水扉（通路内、トンネル内）（写真） ・接続する施設→防水扉、防水シャッター
地　下　街	・排気・吸気塔→通常高さが高いので、問題ない ・接続する施設→防水扉、防水シャッター
地下ビル	・出入口→防水扉 ・フロア下→地下貯水槽*
地　下　室	・出入口→防水扉
地下駐車場	・出入口→防水板

＊ 地下貯水槽は地下水の漏水対策用が多いが、浸水排除に使うことはできる
出典）「末次：河川の減災マニュアル、p.257、技報堂出版、2009」に追記

写真　地下鉄の自動浸水防止機
出典）東京メトロ

写真　地下鉄の防水扉
出典）東京メトロ

<参考>

1)　末次忠司：河川の減災マニュアル、pp.254 ～ 256、技報堂出版、2009
2)　末次忠司：都市型地下水害の実態と対策、雨水技術資料、第 37 号、pp.7 ～ 18、雨水貯留浸透技術協会、2007

店舗・事業所での浸水対策

リスク分類▶①

建物の**出入口**には、角落とし式の**防水板**（**写真**）などを設置し、換気口にも防水対策が必要である（防水板は止水板とも言う）。価格は高いが、電動式やジャッキ式の防水板もある。電気・機械設備は重量や騒音のため、地下に設置されることが多いが、地下は浸水しやすいことを考えると、2階以上に設置するようにする。地下店舗では、出入口に高さ20cm程度のステップを設けておけば、浸水が流入する時間を10～20分程度遅らせることができる。

豪雨時の従業員の役割分担を定めるとともに、出先の人を含めて連絡体制を確立しておく。顧客の避難誘導マニュアルを作成しておき、迅速で安全な避難誘導を行う。また、水害時における企業のリスク管理として、BCP（事業継続計画：Business Continuity Plan）を策定して、中核事業の早期復旧を図り、事業を遅滞なく継続させることも企業や顧客にとって重要となる。

BCPが導入されないと、災害（緊急事態）後、廃業に陥ったり、事業を縮小せざるをえなくなることがあるが、BCPを導入すると、復旧時間が短くなり、事業が早期に復旧するなど、操業率の回復が早くなる（**図**）。

地震に関するBCPを策定していても、水害に関するBCPを策定している企業は少ない（しかも、BCP全体で見て、中堅企業の策定率は大企業の約半分である）。なお、サプライチェーン（商品の製造から販売までのシステムとしての工程）の視点で、ある地域で水害が発生し、商品・部品などが納入できない場合を想定して、複数の地域の卸売業者から納入しておくと、リスク分散できる*。

降雨時はとくに地下にある店舗では、外の雨の状況がわからないので、ラジオなどで情報収集する。商品・事務機器は移動しやすいように、例えば衣服は移動式のキャスター付きハンガーにかけておく。地下街や地下ビルなどでは、最下層に漏水を貯留する地下貯水槽が設置されている場合があるので、排水口を通じて浸水を排除することも考える。

さまざまな事故による建物や商品などの被害を補償する店舗総合保険などに加入しておくことも重要である。水害被害を受けても補償が受けられるように、店舗総合保険（建物、商品）の特約や風水害危険担保特約（建物）などに加入しておく。

＊ トヨタは子会社・アイシン精機の工場全焼に伴う操業停止（平成9年）を契機に、生産拠点を分散した結果、東海豪雨（平成12年9月）の際、浸水に伴う交通網分断により操業停止に陥ったが、停止はわずか1日ですんだ

平常時

写真　防水板の設置状況

注）防水板を角落としの溝に沿って入れる

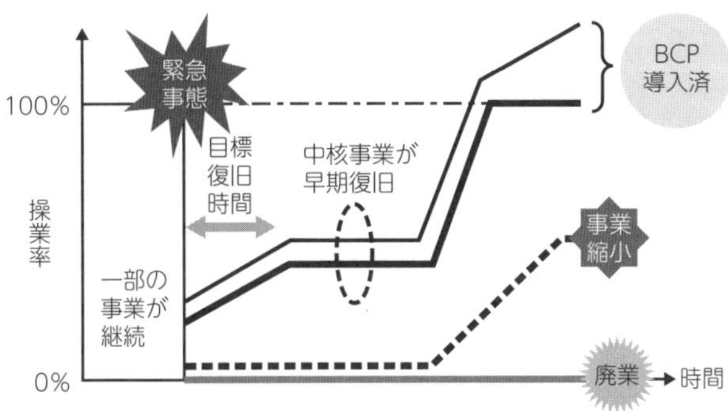

図　BCP 導入による操業率の回復

出典）中小企業庁ウェブサイト（https://www.chusho.meti.go.jp/bcp/contents/level_c/bcpgl_01_1.html）

雷に関する知識

リスク分類▶①

雷がどのようにできるか知っているだろうか。湿った空気が上昇し、温度の低い層に達すると、あられや氷晶が発生し、雷雲（地上2～7km）となる。雷雲の中のちり、氷粒、あられ、ひょうが上昇または落下時に衝突すると、電子の放出や吸収が起こり、雲の上にプラス電荷、雲の下にマイナス電荷が集まると電界が生まれ、雲から地上へ電流が流れる雷となる（地上から雲へ流れる雷もある）。放電時には瞬間的に2～3万度の高温となる。

雷は1本の場合と、多発する場合（**写真**）がある。発生数は1本が多いが、ある地点への雷撃に誘発されて、他の地点で雷撃が発生するなどの理由で、多発する場合がある。雷のエネルギーは凄まじく、平均的な電圧（1億ボルト）、電流（10万アンペア）の雷の電気は、2 200世帯の1日分の電力に相当する。

雷は年間約40万～110万回も発生し、九州・沖縄や関東甲信越地方で多い。8月が最も多く、10～3月は日本海側に多いため、都市で見ると夏は宇都宮、冬は金沢で多く発生する（年間雷雨日数は北陸地方が多い）。被害を及ぼす雷は年間1 500件程度で、平均して年間14人が死亡し、千～2千億円の被害が発生している。

被雷対策が行われていない建物では、直撃雷を受けると火災になることがある。唐招提寺（とうしょうだいじ）の五重塔（1802年）や東大寺の七重塔（1362年：室町時代）も落雷で火災にあった。建物直接でなくても、建物近傍に落雷して、屋根、壁、窓ガラスが破損したり、2次的にケガなどの人的被害が生じることもある。雷被害に対する保険会社の取扱件数（火災保険）は年間2万件以上ある。

雷の前兆現象は急に暗くなったり、冷たい風が吹いたり、突然の雨に見舞われることである。雷が落ちやすい所は高さの高い建物で、とくに鉄筋コンクリート造の建物によく落ちる（人の場合でも背の高い人に落ちやすい）。古い建物の壁や柱に雷の電流が流れる可能性が高いので、屋内にいるときは壁や柱から離れた、建物の中心にいるようにする。

身体だけではなく、大きな電流が流れ込み、パソコンやテレビなどの家電が故障したり、火災を起こすことがある。火災が起きるのは、うまく地面に電流が流れなかった雷が近くのものに放電して、熱や火花を発生させ、火花の温度は非常に高いため、発火するからである。雷による火災発生件数は年間5～20件発生している。対策としては、雷サージ（雷による異常な電圧・電流）保護機能付き電源タップを使用したり、コンセントを抜いたり、ブレーカーを落としておくのも一つの方法である。

なお、雷に対する対応や雷雨による水害については、「雷が鳴り始めたら」の項に、事例を含めて記述しているので、参照されたい。

写真　多発する雷の様子

地震に関する知識

リスク分類▶②

地震には海溝型地震(東日本大震災:平成23年3月)と内陸直下型地震*1(阪神・淡路大震災:平成7年1月)がある。海溝型地震は海側のプレート*2(太平洋プレート、フィリピン海プレート)が大陸側のプレート(北米プレート、ユーラシアプレート)の下に潜り込み、蓄積された歪みが限界を超えたときに発生する(**図**)。内陸直下型地震は海側のプレートの動きにより、大陸側のプレートの内部の歪みがずれたときに発生する(**図**)。

断層が急にずれ動いて発生するが、今後も活動する可能性がある活断層は全国に約2千箇所ある。活動度A級(千年あたりの断層のずれ量が1〜10m)の断層は約100あり、活断層の密度は中部、近畿地方が高い。**海溝型地震は津波**を伴い、**内陸直下型地震では突然大きな揺れ**が発生する。

震源のエネルギーの大きさを表すマグニチュードMが大きな地震は

- チリ地震(1960年5月)M9.5
- スマトラ地震(2004年12月)M9.1〜9.3
- アラスカ地震(1964年3月)M9.2

で、東日本大震災(M9.0)より大きく、この値が1大きくなると、エネルギーは約32倍大きくなる。一方、震度は各地の揺れの大きさを表し、従前8階級(震度5、6に弱強の違いなし)だったが、平成8年から10階級(0〜4、5弱強、6弱強、7)に分けられた。震度7は

- 1995.1　阪神・淡路大震災　M7.3
- 2004.10　新潟県中越地震　M6.8
- 2011.3　東日本大震災　M7.9
- 2016.4　熊本地震　M6.5
- 2016.4　熊本地震　M7.3
- 2018.9　北海道胆振(いぶり)東部地震　M6.7

の計6回発生した。

震度7は福井地震(昭和23年6月)の翌年に新たに設けられ、平成6年までは被害状況を調べて確認してから発表する仕組みであったが、阪神・淡路大震災(平成7年)では現地調査で震度が判定され、初めて適用された。翌年から計測

震度によって、震度7も速報可能となった。なお、平成8年より気象庁では体感ではなく、震度計により震度が自動計測されている（現在約4 400地点で計測）。

最初到達する地震波は縦波（秒速6～8km）で、その後に揺れが大きな横波（秒速3～5km）が到達するが、内陸直下型地震では最初から大きな縦揺れとなる場合がある。縦揺れでは家の土台と柱の接合部分が抜けることがあり、横揺れ（縦

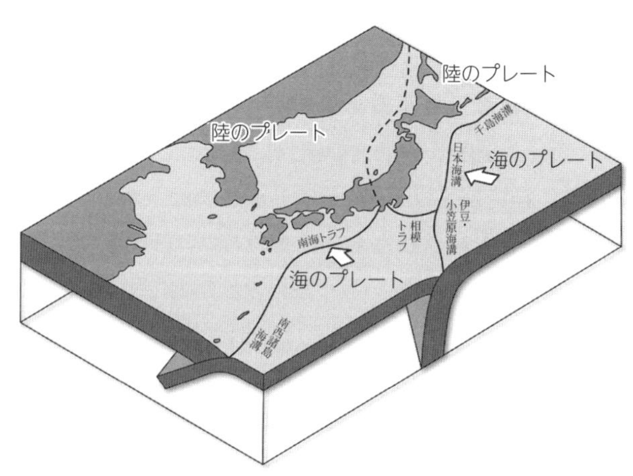

図　日本近海のプレート図

出典）地震調査研究推進本部：防災・減災のための素材集（https://www.static.jishin.go.jp/resource/figure/figure003003.jpg）

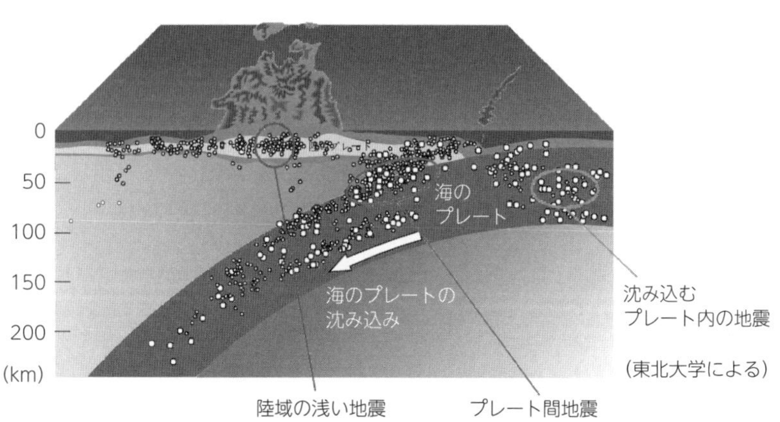

図　プレートの潜り込みに伴う地震

出典）地震調査研究推進本部：地震がわかる！ 防災担当者参考資料（https://www.jishin.go.jp/main/pamphlet/wakaru_shiryo/wakaru_shiryo.pdf）

揺れの2倍以上のパワー）では家具や家電などが移動する。震源までの距離が遠いと、縦波と横波発生の時間差が大きい。

大きな平野や盆地には土砂が厚く堆積しているので、揺れが大きくなる。関東平野の深い所で3～4km、大阪平野で1～2kmの堆積層がある。大きな平野では地震波がさまざまな経路を伝わってくるので、長く揺れる傾向もある。

過去に発生した大地震では、死者・行方不明者数、全壊（全焼）家屋数とも、関東大震災が最多であった。死者・行方不明者数の内訳では、関東大震災は約9割が焼死、東日本大震災の死者数の約9割が津波による溺死であった。今後発生が予想される首都直下地震（最悪のケース）では、マグニチュード7.3の地震が発生し、都心の大部分が震度6強以上の揺れに襲われ、死者数が2.3万人、全壊・全焼家屋は61万棟、経済被害は95兆円に上ると試算されている。死者数の約7割が焼死で、帰宅困難者が約800万人に上るため、3日間程度は会社などにとどまることを考える必要がある。

なお、気象庁の震度データベースによると、過去約100年間（1919～2019年）の震度5弱以上の地震の発生回数は、実は東京が73回と多い（全国平均は約17回／約100年）<巻末の参考>。これは島嶼（とうしょ）の地震を含んでいるからで、他には福島59回、茨城48回が多く、少ないのは富山2回、岐阜2回である。同じ県内でも、例えば茨城県北部は断層型（内陸直下型）地震、茨城県南部は海溝型地震が多い。

マントルの厚さが薄い地域では、揺れが減衰せずに伝わり、震源から離れた地域でも大きな震度となる「異常震域」の現象が見られる。令和元年に三重県南東

表　大地震による被害状況

発生年月	震災名 マグニチュード	死者・行方 不明者数	全壊・流失 （全焼）家屋数	地震の原因
1896（明治29）年6月	明治三陸地震 8.2～8.5＊1	約2.2万人	約1.2万戸	海溝型地震
1923（大正12）年9月	関東大震災 7.9	約10.5万人 焼死約9.2万人	約32万戸	内陸直下型地震の性格を持つ海溝型地震＊2
1995（平成7）年1月	阪神・淡路大震災 7.3	約0.6万人	約11.2万戸	内陸直下型地震
2011（平成23）年3月	東日本大震災 9.0	約1.8万人 溺死約1.5万人	約12万戸	海溝型地震

＊1　地震のマグニチュードは大きかったが、震度は2、3と小さかったため、避難しなかった
＊2　地震はプレートによる海溝型地震に伴って発生したが、震源の位置が内陸直下であったため

部（深さ約 420 km）を震源とするマグニチュード 6.5 の地震が発生したが、最も大きな震度は震源から約 600 km 離れた宮城県丸森町の震度 4 であった。

＊1 内陸直下型地震は内陸地震または直下地震ともいう

＊2 プレートは地球表面に十数枚あり、その厚さは数十～ 200 km で、太平洋では東太平洋で発生し、日本列島方向への移動速度は速い太平洋プレートで約 10 cm/年である

＜参考＞

1） 政府 地震調査研究推進本部ホームページ：地震の起こる仕組み

2） 新星出版社編集部：徹底図解 地球のしくみ、pp.30 ～ 31、新星出版社、2007

津波に関する知識

リスク分類▶②

津波は地震だけでなく、火山活動や山体崩壊による海底・海岸地形の急変により発生する。地震では海側プレートが大陸側プレートの下に潜り込み、蓄積された歪みが限界を超えて生じる海溝型地震や海底地震に伴って発生する。

海底地震は**日本海側**などで発生し、陸地への到達が速いため、緊急地震速報*が間にあわないほど、**短時間で来襲**する。北海道南西沖地震（平成５年７月）では、奥尻島（渡島(おしま)半島の西）に地震発生２～３分後に津波が到達した。

津波の伝播速度（m/s）は$\sqrt{gh}$（gは重力加速度［9.8m/s^2］、hは水深［m］）で表され、水深が大きな沖では速い。例えば、水深500ｍ（50ｍ）のときの速度は時速250km（80km）である。海岸に近づくにつれて、水深が浅く速度は遅くなり、波高が高くなる。したがって、沖で波高が高くないからといって、油断してはならない。

津波は海岸での波高の約２倍（最高で約４倍）の高さまで遡上してくる（「地震が発生したときの対応」の項参照）ので、すぐに高台や津波避難タワーなどへ避難するようにする。また、河川を遡上する速度は、陸地より速いので、川沿いの道路を避難に使わない。

時間的に波高が変動する高潮と異なって、津波は一定時間続く水のかたまりなので、陸地への流入量は莫大である（**写真**）。波長が長いのも特徴で、波長600kmの津波もある。地形的にはリアス式海岸の湾奥では津波が集中して波高が高くなるし、岬の先端では波の回り込みにより被害が大きくなる。

津波は押し波、引き波の押し引きを繰り返し、やがて減衰していく。引き波で家屋等が流失することも多い。津波は第一波より第二波以降が大きい場合がある。2010年２月のチリ地震（マグニチュード8.8）では、岩手・久慈港で第一波は0.3mだったが、最大波（第一波の２時間50分後）は1.2ｍと高かった。

津波や高潮は流体力が大きいので、遡上時に建物・車・貯木などを巻き込んで浸水被害を発生させる。損壊した建物などが他の建物などに連鎖的に被害をもたらす。水流によりガスボンベが流失して、ガス爆発を起こす恐れもある。

＊ 緊急地震速報は最大震度５弱以上の地震で、震度４以上が予想される地域に気象庁より送信される。全国1700か所の地震計の地震波（伝わるのが早いＰ波）より、揺れの大きなＳ波の規模などを検知する

写真　防潮堤を乗り越えて侵入する津波（東日本大震災）
出典）岩手県 宮古市

火山に関する知識

リスク分類 ▶ ②

地殻（深さ 5 〜 70 km）にあったマグマ（高温で 1 200 度以上）が噴出すると火山になり、世界には 1 550 ほどの活火山がある。日本にはこの 7% に相当する 110 の活火山がある（環太平洋造山帯に位置するアメリカが最多、ロシアが次ぐ）。世界最大の火山噴火は 2 800 万年前に北米で発生した 5 千 km^3 以上のマグマ噴出である。日本では青森・十和田湖の大噴火（915 年（平安時代））があり、50 億トンのマグマが噴出し、時速 100km 以上の火砕流が半径 20km の範囲を焼き払い、焦土と化した。

マグマの上昇の仕方には 3 パターンある。(1) 世界的に見ると、マグマは新しくプレートが生まれてくる場所（中央海嶺*など）で、地下深部から高温マントルが溶けた玄武岩質マグマが上昇してくるのが一番多い。プレートは地殻と上部マントルの一部である。

(2) 次に多いのが密度の高い海洋プレート（太平洋プレート、フィリピン海プレート）の**沈み込み帯**で、**日本列島**ではこれが多い。沈み込んだ海洋地殻は日本列島の真下に来ると、マントルが部分的に溶け、プレートに沿って海溝から流入した海水により、流動性が高くなって、マグマが上昇してくる（**図**）。マグマの種類は玄武岩質から流紋岩質までさまざまである。

(3) 最後はホットスポットで、特定箇所で継続的に大量の玄武岩質マグマが地下から供給され、火山が形成される場所である。ホットスポットとプレートの動きとは無関係であるが、ホットスポットにより形成された火山列の方向から、プレートの移動方向を知ることができる。ホットスポットで代表的なものがハワイ諸島および天皇海山群（ハワイからカムチャッカ半島まで）で、世界中に 25 か所ある。

上昇してきたマグマは地下数 km 〜数十 km の所で、マグマ溜りを形成し、ここから岩盤を突き抜け、地上に放出されて、火山が形成される。また、噴火に伴って、溶岩流が流下してくる。火山にはいくつかの形態があり、同一箇所から中くらいの粘り気のマグマが噴出されると、富士山や岩木山のような成層火山が形成され、流動性の高い玄武岩質の溶岩が積み重なると、マウナ・ロア山やキラウエア火山のような傾斜の緩い楯状火山となる。

火山岩である玄武岩はマントルが直接溶けてできたマグマからできる。海洋地殻を作っており、地球上に最も多く存在する岩石（地殻を構成する物質の43%）である。流紋岩や安山岩を作るマグマは、海洋プレートが大陸地殻に沈み込む場所で作られる。玄武岩は粘性が小さく、流れやすいのに対して、流紋岩は粘性が大きく、流れにくい。爆発的な火山からは流紋岩が噴出される。

火山の噴火に伴う影響予測が行われており、近年の進歩により火山予測の結果も変わってきている。山梨県により、富士山噴火に伴う溶岩流の到達予測が行われた。これは検討時期を過去3 200年前から5 600年前に広げた結果、小規模噴火（2千万 m^3 のマグマ）が起きると、富士吉田市街地に近い雁ノ穴の火口域で噴火した場合、溶岩流が約2時間で、3km先の道の駅「富士吉田」近くまで到達すると予測された。また、6日間で火口から約9km先の富士急行・三つ峠駅（山梨・西桂町）付近まで溶岩が流れると予測された。今後は中規模噴火（2億 m^3）、大規模噴火（13億 m^3）のマグマが噴出したときの到達予測が行われる予定である。

＊ 海嶺は高さ3 000m、長さが1 000km以上の海底の大山脈である

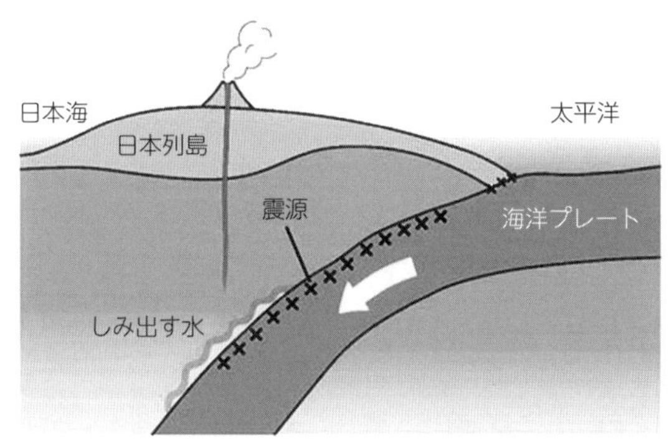

図　沈み込み帯のマグマ活動

出典）地震調査研究推進本部：火山フロントと沈み込み帯
（https://www.jishin.go.jp/resource/column/2010_1007_05/）

<参考>

1） 巽好幸：沈み込み帯のマグマ学－全マントルダイナミクスに向けて、東京大学出版会、1995

2） 読売新聞朝刊（2020.3.31）

土砂に関する知識

リスク分類▶①②

地形形成や災害に土砂は大きく影響している。日本の山地は火山の噴火か地盤の隆起により形成されている。海洋プレートが大陸プレートの下に潜り込むときの力により隆起が起きる。平均的には年間約1mmの速さで隆起しているが、3プレートが衝突し、隆起速度が速い中部地方（とくに天竜川沿い）では年間3～4mmと速い速度で隆起している。

このように隆起速度が速い、言い換えれば標高が高い山は不安定*1で土砂の流出が多い。そのため、例えば天竜川の佐久間ダムには年間約260万m^{3}の土砂が流入し、貯まっている。また、中部山岳地帯から流下する河川（安倍川、大井川、富士川、黒部川、常願寺川など）は土砂生産が多く、急勾配で海へ突入する臨海性扇状地が形成されている。土砂生産が多いと、河道に流入する土砂が多くなり、河床上昇して水害が起きやすくなるし、平常時の流域からの排水が困難となる。

急勾配で不安定な山地では、○○崩れのような山地崩壊（「土砂災害リスク」の項参照）や土砂災害も発生する。土砂災害は勾配だけでなく、地質・荒廃度（はげ山）や構造線・断層なども影響する。短期間での山地崩壊は堰止め湖を形成し、これが決壊すると、下流で大きな水害となる。

平均的な土砂生産（年間土砂収支）で見ると、ダム堆砂データより、年間約2億m^{3}の土砂が山地で生産され、ダムなどに約1億m^{3}が貯まり、残りの約1億m^{3}が下流河道に流出する。海岸域では、約7千万m^{3}が海域へ流出し、2 500万m^{3}が海岸に堆砂する。

流域スケール（木曽川、信濃川、淀川、太田川、斐伊川）で見ると、流域面積あたりの供給土砂量は100～500m^3/年/km^2 *2で、流域における年間侵食量0.1～0.5mmに相当する。したがって、平均的な河道の流砂量やダム堆砂量(年間値)は（100～500）×流域面積で求めることができる。

なお、土砂は粒径により、2～64mmは砂利（または礫）、0.062～2mmは砂、0.004～0.062mmはシルトに分類される。上記した流域スケールでの土砂量の構成は砂利：砂：シルト＝（0～10%）：（35～40%）：（50～65%）と、砂やシルトが多い。

シルトや細かい砂は洪水による挙動は速いが、礫は動きが遅い。そのため、礫河川では河道掘削を行うと、上流から運ばれてきた土砂が堆積して、下流へ流れにくくなるため、元の土砂動態に戻るまでに長時間を要する。なお、河川水中では、粒径が細かいと鉛直方向に一様に流れるが、粒径が 0.2 ～ 0.3 mm 以上になると、鉛直方向に濃度勾配が発生する（川底で多くの土砂が流れる）。

砂利（陸・山・海・川砂利）は建設資源として砂利採取されており、ピークの昭和 49 年には約 1.9 億 m^3 が採取されていたが、最近は 7 ～ 8 千万 m^3 の採取量である。このうち、川砂利はピークの昭和 45 年には約 6 千万 m^3 が採取されていたが、最近はその 1/10 である。なお、川砂利は砂利採取以外に、洪水流下能力（河道断面積）を増大させるために、河道掘削によっても採取されている。各流域で多い場合は年間数十万～数百万 m^3 の掘削が行われている。

上流から供給される土砂量（前述）と、この河道掘削量などの差が多いと河床上昇し、少ないと河床低下する。河床上昇は洪水位の上昇による越水リスクを高める一方、河床低下は橋脚や護岸の基礎を損壊させたり、取水が困難になるなどのリスクがある。

＊1 エベレストも以前標高が 1 万 m 以上あったが、約 2 千万年前に変成帯の急激な上昇に伴って、不安定な部分が崩れて現在の高さ（8 848 m）となった

＊2 ボーリングデータ（過去 1 万年間）やダム堆砂データにより、木曽川・淀川など 5 流域を対象に推定された

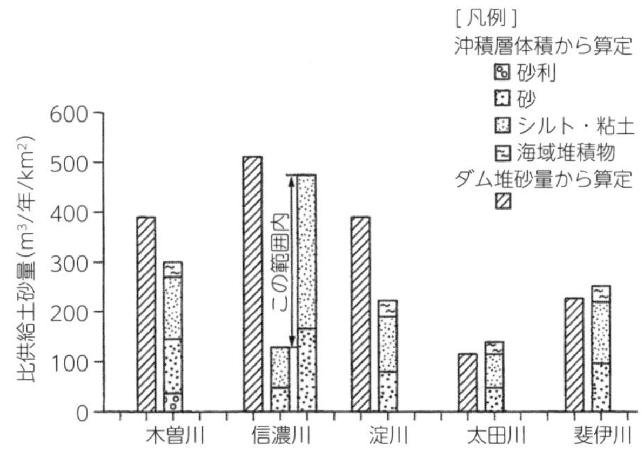

図　流域ごとに見た比供給土砂量

出典）山本・藤田・赤堀ほか：土木研究所資料、第 3164 号、1993

<参考>

1）　山本晃一・藤田光一・赤堀安宏ほか：沖積河道縦断形の形成機構に関する研究、土木研究所資料、第 3164 号、pp.77 ～ 136、1993

火災に関する知識

リスク分類▶③

火災が発生すると、家屋やビル全体または広範囲の市街地に被害がおよぶ危険がある。火災時の**延焼**スピードは時速 200 ～ 300 m で、速いとき（関東大震災（大正 12 年 9 月））は**時速 800m** であった。消防白書によると、消失面積が 3.3 ha 以上を大火（大規模出火）と呼び、昭和 40 年代以降では以下のような大規模火災の事例がある。

表　大規模火災の一覧（除 ガス爆発による火災事故）

発生年月 火災名（地域名）	死者数 焼損状況	火災の原因と概要
1972 年 5 月 千日デパート火災 （大阪市）	118 人 面積 8 763m^2 を焼損	原因不明。史上最悪のビル火災。デパート閉店後に出火し、フラッシュオーバー（爆発的な延焼）を起こし、煙が階段やダクトを通じて上層階の店に流れ込み、一酸化炭素中毒や窓からの飛び降りにより多数が犠牲、ホステスと客の死亡が多く、93 人が一酸化炭素中毒
1973 年 11 月 大洋デパート火災 （熊本市）	104 人 面積 12 581m^2 を焼損	原因不明。史上最悪の百貨店火災＊1。消火器の水圧足りず、寝具で火勢強く、階段に荷物があり避難困難、スプリンクラーは工事中で作動せず、店内の緊急放送は上司の許可得られず放送できず
1976 年 10 月 酒田大火（山形） （写真）	1 人（消防長）	原因不明。市中心の商店街の 1 774 棟を焼損、22.5ha を焼失したが、死者は少なかった。これは消防隊が新井田川（にいだがわ）を最後の決戦地と定め、河川水をポンプで放水したり、5 棟の家を破壊消防した結果である
1980 年 11 月 川治プリンスホテル火災＊2（現在の栃木県日光市）	45 人	工事用ガスバーナーによる失火が原因。火災報知器が鳴ったのに従業員は確認せず、従業員が少なく避難誘導せず、避難通路が複雑、消防当局から設備・管理体制の不備を指摘されていた。死者の多くは一酸化炭素中毒
1982 年 2 月 ホテルニュージャパン火災（東京都千代田区）	32 人	宿泊客の寝タバコの不始末が原因。発災前より、消防当局による設備点検を拒否、経費節減でスプリンクラーなし、故障していた火災報知器も放置、館内放送設備も故障。13 人は飛び降り死、シーツをロープ代わりにして窓から下の階へ避難して救出された人もいた
2001 年 9 月 歌舞伎町ビル火災 （東京都新宿区）	44 人	放火の可能性。自動火災報知設備の電源切られる、従業員が避難誘導せず、防火扉を開けて空気が流入したことなどにより雑居ビルで延焼し、44 人全員が一酸化炭素中毒
2016 年 12 月 糸魚川（いといがわ）大火 （新潟県糸魚川市）	負傷者 17 人 被災・147 棟 全焼・120 棟	中華料理店の大型こんろの消し忘れにより出火し、強風にあおられ、約 4ha 延焼。地域で培われた互いを気遣う関係により、死者数はゼロであった。負傷者のうち 15 人は消防団員である

＊1　百貨店火災で最大の焼損床面積は大阪・高槻市の西武タカツキショッピングセンター（34 647m^2 を焼損、被害額 55 億円、昭和 48 年 9 月）で発生した

＊2　西武プリンスホテルとは関係ない別系列のホテルである

史上最悪の百貨店火災は大洋デパート火災（1973年）で、史上最悪のビル火災は千日デパート火災（1972年）であった。ビル火災では防火設備や体制の不備が原因であることが多い。また、一酸化炭素中毒で死亡した人も多い。ホテルなどに宿泊する際は、非常口・非常階段を確かめるとともに、火災報知機やスプリンクラーの設置についても確認しておく。とくに団体や多人数で宿泊するときは必ず要確認である。

日本には木造家屋が多く、江戸時代より大火が多く、明暦の大火（1657年3月：死者3～10万人）など、大火で江戸市街の相当部分を焼失した。地震や空襲による火災では複数箇所で発生し、延焼して大火となった。近年火災は年間4万件発生し、死者数は1 500～2 000人で、減少傾向にある。

火災原因の1位は放火、2位はたばこである。放火は刑法上殺人と同じ重い刑が定められている。死者は40才を超えると死亡率が高くなり、高齢者ほど多い。人口あたりの死者数は地域では東北地方で高く、北陸地方で低い。

森林火災は日本では約1 300件/年発生し、焼損面積は約7 km²である。原因はたき火やタバコの不始末が多いが、雷や火山噴火による自然発火もある。海外では各地で日本とは桁違いの規模の森林火災が発生している。

世界的に見ると、

- 2019～2020年：オーストラリアで死者28人、5 900棟が被災する火災となった。この原因は高温、雨不足、強風であった
- 2019年：アマゾン川流域で、干ばつや森林伐採の影響により、約4千の森林火災が発生
- 2018年：ロシアの沿海州で大規模な森林火災が発生し、約900 km²が焼失した。2019年にもシベリアで発生し、火災面積は4万km²に達した。ロシアでは火災が人家に危害を及ぼさない場合は消火しなくてよいという政令がある

写真　酒田大火（昭和51年）の様子

出典）酒田河川国道事務所ホームページ（https://www.thr.mlit.go.jp/sakata/shonai/chiiki/rekishi-f.html）

・2018年：米国のカリフォルニアではよく森林火災が発生するが、この年にはフェーン現象（気流が山を越えるときの高温化）による森林火災により約400 km^2 を焼失した

などの規模の大きな森林火災事例がある。

ガス爆発に関する知識

リスク分類▶③

これまで、化学薬品による爆発、花火工場や火薬工場での爆発など、各地で爆発事故が発生した。ここでは、住民に密接に関係する都市ガスとプロパンガスによる爆発について説明する。可燃性ガスは空気と着火させる火元が揃えば、爆発を起こす。都市ガスは比重が軽いので、拡散しやすいため、十分換気すれば、ガス濃度は低くなるが、逆にガスが広範囲に広がり被害を引き起こす。一方、プロパンガスは比重が重いので、低い床面付近に貯まりやすい。

都市ガスによる爆発事故として、3件の事故について説明する。とくに天六ガス爆発事故では、数回の大爆発により、79人が死亡し、420人が重軽傷を負うなど、大事故となった。

表 都市ガスによる爆発事故

発生年月	事故名（場所）死者数	事故の概要
1963年1月	深川都市ガス爆発事故（東京・江東区）死者6人、負傷者21人	地下に埋設されていた都市ガスの導管に亀裂が発生し、漏れたガスが下水道を伝わって広範囲に広がり爆発を引き起こした。2回目はガスレンジを原因として、3回目は事務所のストーブの点火を機にガス爆発した
1970年4月	天六ガス爆発事故（大阪市）死者79人、重軽傷者420人	大阪市営地下鉄・谷町線天神橋筋六丁目駅の工事現場で、都市ガスの継手が抜け、ガスが噴出した。大阪ガスのパトロールカーがエンジンを始動した時、火花がガスに引火した、また充満したガスに引火し、数回大爆発が発生した
1980年8月	静岡駅前地下街爆発事故（静岡市）死者15人、負傷者223人	紺屋町ゴールデン街の静岡第一ビル地階で、小さなガス爆発が発生した。爆発によりビル内のガス管が破損し、ビル上層階までガスが充満して、2回目の大爆発が発生した

プロパンガスによる爆発事故も発生している。事故件数は昭和50年代半ば（800件）がピークで、その後安全器具の普及等により、事故は減少し、最近は100～200件である。事故の内訳は漏洩着火が2/3以上と多く、次いで不完全燃焼が多い。

また、最近スプレー缶の爆発事故も札幌（2018年）や大阪・高槻市（2019年）などで起きている。札幌の事故はアパマンショップ・平岸駅前店で、スタッフがトイレや部屋の臭いを消す除菌消臭スプレー缶が不用となり、年末の大掃除の一環で、ゴミ出しのために100本の穴あけ作業を行っていたところ、爆発し店舗や車の窓ガラスが割れ、42人の重軽傷者が出た。

高槻市の事故は産廃運搬会社「今村産業」で、水害により水没して廃棄となったスプレー缶のガス抜き作業を金づちで行っていたところ、爆発し男性２人が死亡、男性２人が重体となった。

写真　静岡駅前地下街爆発事故（昭和 55 年）
出典）警察庁ウェブサイト
（https://www.npa.go.jp/hakusyo/s56/s560400.html）

災害共通の対策

リスク分類▶①②

それぞれの災害には、それぞれの特徴やそれに応じた対策があるが、災害のために留意したり、用意しておくべき物など、共通する対策もあるので、以下に列挙する。

・各種ハザードマップを市役所などでもらい、家族や従業員と一緒に見て、避難の仕方、避難所・避難路について考えておく。避難できそうな公共の建物や高層ビルについても確認しておく

・ハザードマップ以外に、国土地理院の治水地形分類図（水害）、産業技術総合研究所の活断層マップ（地震）などを見ておくと、災害対応の参考となる。治水地形分類図は「水害が発生しやすい場所」の項を参照されたい。市販されている地形図や地図帳で地表の凹凸や傾斜の急な地形（崖地）を見ておくだけでも、要注意箇所がわかる

・家を建てるときは、断層上や急斜面近くは避け、自然堤防上または盛土上に建てたり、ピロティ式（1階は駐車場など）とする。低平地では浸水が想定されない場所での建築は難しい場合があるが、それでも想定浸水深が低い地域や浸水実績が少ない地域を選ぶようにする。自然堤防は周囲より標高が高く、浸水深が低くなる

・家の川側や山側に樹木群があると、防災樹林帯（氾濫流による家屋の損壊や流失を防止）や防風林となる。大井川下流域（静岡・焼津（やいづ）市、島田市、藤枝市など）の舟型屋敷（ふながたやしき）*（**写真**）や狩野川流域（伊豆の国市など）の屋敷林などがある

・マンションのエレベータなどで、災害による負傷者や急病人を担架で運ぶとき、エレベータ（トランク付）によっては奥に隠し扉があって、ここを開けると広く使えて、担架や棺桶などを入れて運ぶことができる

・地震や水害に対しては、なるべく2階以上に就寝するのが良い。斜面近くの家屋では、斜面から離れた部屋で就寝する。津波や浸水により、プロパンガスが流されないよう固定する（**図**）

・風害に対しては、風により飛ばされる鉢植えやトタンのめくれに注意するとともに、窓ガラスのひび割れやモルタルの亀裂を補修しておく（**図**）

・枕元には少なくとも懐中電灯、ヘルメット、スリッパを置いておくと、いろいろな災害やリスクに即座に安全に対応することができる

・個人カード（住所、氏名、緊急連絡先、年齢、持病、クスリ）を作成し、カバンや服のポケット等に入れておくと、災害や交通事故などで負傷したときの他、認知症などの高齢者の行方不明対策に役立つ
・ホテルや映画館などの誘導灯には２種類あり、背景が白地の「通路誘導灯」は避難経路へ誘導するもので、緑地の「避難口誘導灯」は避難口を表すものである。すなわち、白地の「通路誘導灯」から避難口までは少し距離がある場合がある

＊ 舟型屋敷は河道側の敷地を三角形や舟の形にするとともに盛土を行い、家屋を高木で取り囲み、低木がその周囲に密に植樹されている。洪水氾濫時には先端部が氾濫水を二分し、樹木群により水勢を弱める

写真　舟型屋敷
出典）写真提供：焼津市シティセールス課

図　自宅の風水害対策
出典）熊本県嘉島町ホームページ：災害時の心構え（風水害の場合）
(https://www.town.kumamoto-kashima.lg.jp/q/aview/111/222.html)

地震への対策

リスク分類▶②

家を建てたり、マンションを購入するとき、地震や液状化の被害が少ない地域かどうかについて調べる。過去の地震による震度は、前述した「震度データベース」により調べられる<巻末の参考>。沖積層（過去1万年以内の地層）などのやわらかい地盤の地域は地震の周期が長く、建物被害が多くなるので、できれば避ける。

例えば、津波を除いた地震による建物被害は東日本大震災（平成23年3月）より、阪神・淡路大震災（平成7年1月）の方が多かった*。これは地震の周期が東日本大震災（1秒以下）よりも、阪神・淡路大震災（0～2.5秒）が長かった、また直下型で地盤が盛り上がって割れた地震であったためである。

また、液状化（ハザード）マップを見れば、想定される地震に伴う液状化発生の可能性がわかるので、不動産の購入等の際に活用する。ただし、マップの危険度はボーリングデータから250m四方のメッシュの地質を推定した（液状化しやすさの傾向を示した）もので、局所的な土地履歴の違いまでは反映されていない。そのため、液状化の対象外であっても、液状化する場合がある。

地震によりタンスや食器棚が倒れてくることがあるので、そのような危険物が少ない部屋を寝室とする。家具や家電の移動を軽減する「つっぱり棒」、「転倒防止プレート」、「転倒防止シート」を設置する。「転倒防止プレート」は家具の手前下にはさむもの、「転倒防止シート」はテレビなどの下に貼る粘着ゲルシートである。家具を固定するＬ型金具、ガラス飛散フィルムも効果的である。

地震に対する建物のハード対策には耐震・免震・制振がある。耐震は地震の揺れに耐えるよう、壁や柱を強化して粘り強くするもの（柱間に鉄骨ブレース（た

写真　耐震（左）・免震（中）・制振装置（右）

すき掛けの補強材：筋かい）をＭ字状またはＷ字状に入れるなど）で、最もよく行われている。

免震は建物と基礎地盤の間に免震装置（鋼板とゴムを重ねた積層ゴム）を設置して揺れを受け流し（短周期地震動対策として、固有周期を２～３秒にする）、揺れの強さを小さくする効果があり、制振は建物内のダンパー（振動軽減装置：オイルダンパー、鋼材ダンパー）で、地震の揺れ（エネルギー）を吸収する（**写真**）。

＊ 津波を除いた建物被害（全壊）は阪神・淡路大震災（平成７年）が10.5万戸で、東日本大震災（平成23年）は約１万戸（全数では12.9万戸）であった

津波への対策

リスク分類▶②

津波が到達しない標高の高い地域で居住するのが一番である。津波ハザードマップなどを見て、安全な地域を選定する必要がある。過去の波高を見るとき、津波は海岸での**津波波高の約２倍（最大で約４倍）遡上**することに留意する。リアス式海岸の湾奥でも、津波が集中して波高が高くなる。

津波が到達する地域に居住する場合、近くに避難する高台（なければ高層ビル）を探しておく。地域によっては、津波避難タワー*もある。津波ハザードマップには避難方向も記載されているので、参考とする。過去に発生した津波に関する石碑や浸水痕跡を示したものにも注意する。

救命胴衣を用意しておくと、津波に飲み込まれても助かると思う人もいるが、実際は救命胴衣を着用するのに時間を要するし、救命胴衣は荒れていない水面で頭部を水面上に保つ程度なので、津波では効果はあまり期待できない。

また、避難情報を迅速に収集できるよう、緊急速報メールに注意したり、防災ラジオなどの情報を活用するようにする。とくに日本海側の地域では、海底地震により津波が発生するので、到達するまでの時間が短いことに注意する。北海道南西沖地震（平成５年７月）では、奥尻島に地震発生２～３分後に津波が到達した。津波は陸地よりも河川を早く遡上するので、避難路は堤防や川沿いは避ける。

東日本大震災後、マリンエンジンの会社により津波救命艇シェルターが開発された（**写真**）。これは長さ 5.6 m、幅 3 m、高さ 3.1 m の 25 人乗りで、ディーゼル

写真　津波避難タワー（静岡市・不二見地区）

で駆動する世界初の操縦できるシェルターである。漂流物と接触しても、衝撃を吸収するよう、フェンダー（下部の出っ張り部分）に発泡剤が注入されている。価格は 800 ～ 900 万円と高価である。他に 8 人乗り（長さ 2.3 ～ 2.5m）もある。

＊ 静岡市には清水区に 8 基、駿河区に 8 基の津波避難タワーがある。静岡市はチリ地震（昭和 35 年 5 月）で 2m 以上の津波被害を受けた。清水区の不二見地区のタワー（**写真**）は 2 層目の高さが 14m で、収容可能人数が 400 人である

写真 津波救命艇シェルター
出典）ミズノマリン・ホームページ

火山災害への対策

リスク分類▶②

活火山（過去1万年以内に噴火など）は110（北海道20、東京都16）あり＜巻末の参考＞、A～Dにランク分けされ、とくに最も活動度が高いランクAの13火山（十勝岳、浅間山、阿蘇山、桜島など）*は要注意である（**表**）。日本最大の山体崩壊は1888（明治21）年7月に発生した福島・磐梯山（ばんだいさん）の水蒸気爆発で、15億m^3の山体が崩壊した。噴火活動が活発な鹿児島・桜島（姶良（あいら）カルデラ）では、年間500～1 000回の噴火が発生していて、とくに平成21年以降が多い。

* ランクA、Bの火山は監視が必要である。他にランクC（38火山）、ランクD（23火山）があり、ランクDには北方領土の11火山が含まれている

表　ランクA、Bの火山名

ランクA（13火山）	十勝岳、樽前山、有珠山、北海道駒ヶ岳、浅間山、伊豆大島、三宅島、伊豆鳥島、阿蘇山、雲仙岳、桜島（図）、薩摩硫黄島、諏訪之瀬島
ランクB（36火山）	知床硫黄山、羅臼岳、摩周、雌阿寒岳、恵山、渡島大島、岩木山、十和田、秋田焼山、岩手山、秋田駒ヶ岳、鳥海山、栗駒山、蔵王山、吾妻山、安達太良山、磐梯山、那須岳、榛名山、草津白根山、新潟焼山、御嶽山、富士山、箱根山、伊豆東部火山群、新島、神津島、西之島、硫黄島、鶴見岳・伽藍岳、九重山、霧島山、口永良部島、中之島、硫黄鳥島

*ランクA、Bの火山は監視が必要である。他にランクC（38火山）、ランクD（23火山）があり、ランクDには北方領土の11火山が含まれている

過去約250年間の代表的な火山災害は以下の通りである（**表**）。1783年8月の浅間山噴火では、2.5億m^3の火砕流、1億m^3の泥流が発生するとともに、大量の降灰により利根川の河床が上昇し、3年後に洪水災害を起こした。また、1792年5月の長崎・雲仙岳では、火山性地震とその後の眉山（まゆやま）の山体崩壊3.4億m^3（島原大変）により、有明海（島原）で6～9mの津波が発生し、島原で約1万人、肥後（熊本）で約5千人の犠牲者が出るなど、対岸の肥後に大きな被害（肥後迷惑）をもらたした。

表　主要な火山災害の概要

発生年月	火山名	犠牲者数	災害の種類
1783（天明3）年8月	浅間山（長野・群馬）	1 151	火砕流、土石なだれなど
1792（寛政4）年5月	雲仙岳（長崎）	約15 000 津波の犠牲者が多い	地震、岩屑（がんせつ）なだれ（「島原大変肥後迷惑」）
1888（明治21）年7月	磐梯山（福島）	461	岩屑なだれ
1926（大正15）年5月	十勝岳（北海道）	144	融雪型火山泥流
1991（平成3）年6月	雲仙岳（長崎）	43	火砕流（写真）
2014（平成26）年9月	御嶽山（おんたけさん）（長野・岐阜）	63	噴石等による

火山噴火の前兆現象として、震源の浅い**火山性地震**（マグマが岩盤を破壊して貫入）の頻度が急増し、火山性微動が始まる。また、火口付近の隆起、火山ガス・噴煙量の変化などがある。火山噴火は警戒レベルで示され、最高はレベル5で、このレベルだと避難しなければならない危険な火山である。レベル4では避難の準備（高齢者や体の不自由な人等は避難）を行う。

大地震のあとに火山噴火が発生することがある。例えば、遠州灘沖と紀伊半島沖で同時にマグニチュード8.6の地震が発生し、49日後に富士山が宝永噴火（1707年12月）を起こした。平常時に火山ハザードマップで、自宅や地域の災害危険度を把握するとともに、最寄りの避難所・避難路を確認しておく。

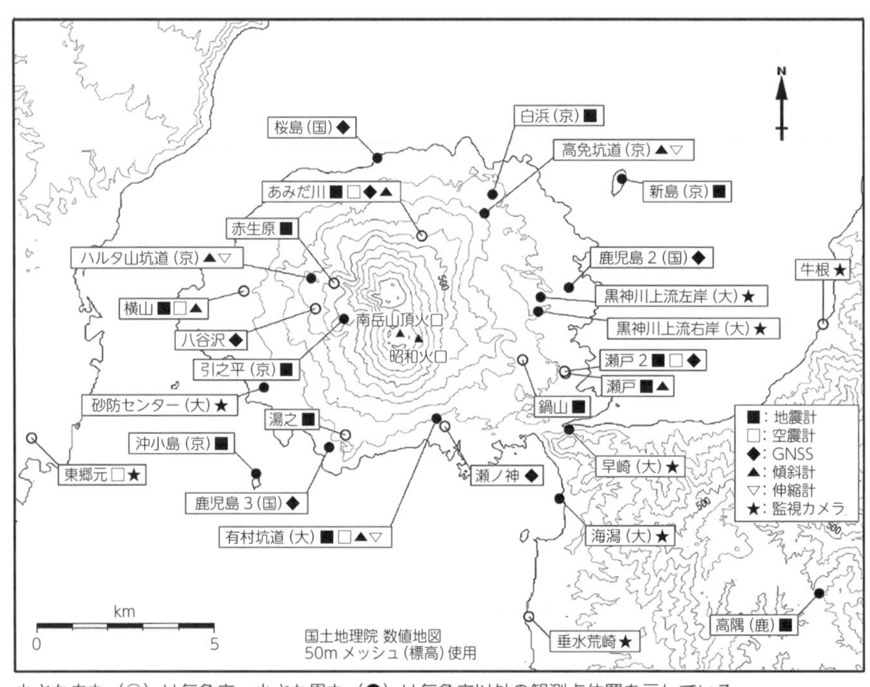

小さな白丸（○）は気象庁、小さな黒丸（●）は気象庁以外の観測点位置を示している。
（国）：国土地理院、（大）：大隅河川国道事務所、（京）：京都大学、（鹿）：鹿児島大学、
（防）：防災科学技術研究所

図　桜島における火山観測所

注）国土地理院3、国土交通省大隅河川国道事務所6、京都大学6、鹿児島大学1、その他12の観測所

出典）気象庁ホームページ（https://www.data.jma.go.jp/svd/vois/data/fukuoka/506_Sakurajima/506_Obs_points.html）

写真　雲仙普賢岳で流下する火砕流（平成３年）
出典）写真提供：島原市

<参考>

1）　日本火山学会編：Q&A 火山噴火 127の疑問、講談社ブルーバックス 1936、pp.225 ～ 226、講談社、2015

平常時

住宅火災対策

リスク分類▶③

火災は放火やタバコなどにより年間4万件発生し、死者数は1 500～2 000人である。このうち、住宅火災は平成18年の住宅用火災警報器の設置義務化（現在設置率約80%）以降、発生件数、死者数（1 000～1 100人）とも減少している。犠牲者の約7割が65才以上で、死亡原因の約6割が逃げ遅れである。住宅火災を起こさない対策は「火災リスク」の項で示した耐火性建築などのハード対策以外を列挙すると、以下の通りである。

・家の周囲や玄関先などに（放火される）紙類などの燃えやすいものを置かない
・寝タバコをしない、灰皿に吸殻（すいがら）を溜めない
・ガスコンロなどで調理中に、離れて行動しない
・乾燥注意報が発令されると、火事になりやすいので注意する
・一つのコンセントに多数の家電をつながない（タコ足配線にしない）、コンセント周辺のホコリをとる
・ストーブの近くに燃えやすい物を置かない、ストーブをつけたまま寝ない
・台所の隣の部屋などに消火器を備えて置く、火災報知機を設置する
・ライターやマッチなどを子供の手の届く所に置かない
・ローソクを使っているときは十分注意する

室内のさまざまな製品に防炎や難燃性の製品が出ているので活用する。例えば、燃焼する速さが遅い難燃性のカーテンがあるし、防炎加工済カーテンは5～10分避難時間を稼ぐことができる。防炎寝具（火災原因の14%は寝具）も販売されている。ニトリでは燃えにくいシリーズとして、帝人と共同でコタツ掛布団・敷布団、掛布団カバーなどを開発し、販売している。

火災発生時の避難については、「火災が発生したら」の項を参照されたい。

<参考>

1） 日本能率協会マネジメントセンター編：地震・水害・火災から守る 緊急防災ハンドブック、pp.97～99、日本能率協会マネジメントセンター、2019

インフラ災害

リスク分類 ▶ ① ②

笹子トンネル（中央自動車道：山梨県大月市）では、天井板が約130mにわたって落下する事故（平成24年12月）が発生し、走行中の車の9人が死亡した（**写真**）。中央自動車道の初狩パーキングエリア内に犠牲者の慰霊碑がある。事故の発生以降、インフラ施設の老朽化が問題となり、維持管理の重要性が課題となった。

インフラ施設の老朽化では、老朽化した水道管から、水柱が高く上がるニュースを見るが、築40年以上の水道管は約15%で、築50年以上の**河川管理施設**（約32%）や道路橋（約25%）の方が、もっと**老朽化**している（**表**）。今後とくに道路橋や河川管理施設の老朽化が更に進展すると予測されている。老朽化に伴い、施設の更新・修繕費用が増大し、今後新規に建設できる施設が少なくなることが予想される。

河川管理施設は老朽化により壊れる前に、洪水災害（とくに河床低下に伴う被害）を受けることが多く、老朽化被害の実態はわかりにくい。橋梁は洪水や地震に伴う被害が多く、とくに洪水流により橋脚周辺が河床低下し、橋脚が流されたり、傾く災害が多い。また、沿岸部での海水による腐食や工事ミスにより落橋したり、傾いた橋梁もある。洪水時などに落橋したり、被災した橋を渡らないよう、注意する。

一方、水道管は腐食すると、穴が開いて水が漏れ、配水・給水できなくなったり、浸水被害が発生するだけでなく、上部の道路を陥没させて、自動車も被害を受けることがある。下水道管も下水中の硫酸塩が変化した硫化水素で劣化すると、同様の被害を生じることがある。水道管に伴う道路陥没は年間3～6千件、下水道管に伴う道路陥没は年間3～5千件もある。

トンネルも20%程度が老朽化しているが、他のコンクリート構造物と同様に、コンクリートのひび割れや剥離（はくり）が見られる。剥離により、コンクリート塊が剥落とする危険もある（平成11年6月の山陽新幹線高架橋）ので、走行時や乗車時に注意する。老朽化以外に、品質（海砂の使用、水量が多いなど）が影響している可能性もある。

平成28年11月には福岡・博多駅前の道路が大規模に陥没した（**写真**）。福岡市営地下鉄七隈線のトンネル延伸工事の際、崩落事故が発生した。大規模な崩落であったが、幸い死傷者はゼロであった。地中にはさまざまな管路が通っており、崩落事故によりガス爆発などが起こる可能性もあった。また、復旧工事が1週間で完了し、その速さは海外から絶賛された。

人災であるが、水道管と下水道管を人為ミスにより誤接合したことにより、蛇口をひねると汚水が出てくる事故がある。誤接合はそれほどまれなことではない。

写真　笹子トンネル崩落事故（平成 24 年）

出典）国土交通省ホームページ
（https://www.mlit.go.jp/road/ir/ir-council/tunnel/pdf/130618_houkoku.pdf）

写真　トンネル工事に伴う道路陥没（平成 28 年）

出典）©Muyo（クリエイティブ・コモンズ・ライセンス（表示 4.0 国際））を改変して作成
（https://creativecommons.org/licenses/by/4.0/）

表　インフラ施設の老朽化の推移

施 設 名	2018.3	2023.3	2033.3	施設数・延長
河川管理施設（水門等）	約 32%	約 42%	約 62%	約 1 万施設
道路橋（橋長 2m 以上）	約 25%	約 39%	約 63%	約 73 万橋
トンネル	約 20%	約 27%	約 42%	約 1.1 万本
水道管	約 15%	約 23%	約 38%	約 67 万 km
下水道管渠	約 4%	約 8%	約 21%	約 47 万 km

注）1.　水道管は築 40 年以上，他の施設は築 50 年以上の施設の割合である
　　2.　施設には建設年次が不明な施設が含まれている

建築・土木構造物リスク

リスク分類▶ ③

私たちは建築士や建築会社が責任を持って、設計･施工しているという前提で、マンションやアパートなどに居住している。しかし、姉歯（あねは）偽装事件や免震偽装事件などを見ると、十分な設計などが行われておらず、必ずしも安心して生活できない状況にある。

姉歯偽装事件は1997年5月に一級建築士の姉歯氏がマンションなどの耐震強度を偽装した事件で、建物の構造強度に直結する耐震構造計算書を偽装したものである。民間の指定確認検査機関が偽装を見抜けず、建築が認可されたもので、震度5強の地震動で建物が崩壊する可能性がある。2005年10月の国土交通省への告発により、マンション20棟、ホテル1棟の偽装が明らかとなった。

また、マンションなどの柱と壁、壁と床の間には、構造的に切り離すための2～5cmの隙間（構造スリット）があり､そこに耐震設備の一部である緩衝材（クッションとなる発泡ポリエチレン）が入っているが、これが入っていない、または不十分な場合があり、その場合は地震によるエネルギーを十分吸収できずに、建物が損壊する場合がある。

一方、2015年3月には東洋ゴムの免震偽装が発覚した。国土交通省の認定に適合していない性能（不良品）の高減衰積層ゴムを高知県庁本庁舎、京都・舞鶴医療センターなどに出荷したものである。2018年10月には、同様の偽装事件がKYB（カヤバ）と川金コアテックの免震オイルダンパーでも明らかとなった。このダンパー（不良品）は東京スカイツリーにも使われ、長野市第一庁舎にも出荷された。これらの不良品はその後適合品に交換される予定である。

このような建築・土木に関する偽装や不正を見抜くことは容易ではないが、例えばマンションの緩衝材は目視で確認できる。また、階段取付け部の段差や建物の傾き（部屋でボールを転がしてみる）も専門家でなくてもわかる。構造的には専門家に検査を依頼して見つけてもらい、販売会社などに責任を追及する必要がある。

効率化を追求して、公共施設の設計・管理などを民間に委託することも検討されている。しかし、例えば、EUから財政赤字の改善を求められたイタリアでは国営事業の民間移転を進めた結果､橋の崩落事故が発生した。イタリア北部･ジェノバのモランディ橋（高速道路橋）は建設後50年以上が経過し、老朽化していた（つりケーブルが腐食して切れていたなど）が、ずさんな点検で適切な保守工事が行われず、2018年8月に全長1 182 mのうち、約200 mが落橋し、43人がなくなった。この事故を契機にインフラの民営化政策を見直す動きが出ている。

海外の事例では、他にラオス南部のセナムノイダムの事例がある。設計・施工を受注した韓国のSK建設は、地盤が柔らかいにもかかわらず、ロックフィルダムの形式を採用した。SK建設は設計を下請けにまかせ、手抜き工事（基礎工事が不十分）で工期短縮を行った。その結果、完成後貯水池への湛水を行ったところ、土手上部が陥没して、決壊した。会社の社員が避難誘導を行わなかったこともあり、死者・行方不明者は数千人、被災者は50万人に及ぶ人災となった。韓国企業による手抜き工事が引き起こした事故・災害は他にも多数ある。

停電の危機

リスク分類▶ ③

平成30年9月の北海道胆振東部地震により、北海道のほぼ全世帯である295万戸が停電するというブラックアウト（一時的機能停止）が発生した。停電戸数は東日本大震災（890万戸）に比べると少ないが、阪神・淡路大震災（260万戸）を上回る規模であり、今後こうした大停電の危機は他地域でもありうるものである。北海道におけるブラックアウトは

① **供給を上回る需要**の発生
↓
② 周波数（電気の品質）が低下
↓
③ 電気供給を正常に行えない
↓
④ 安全装置の作動
↓
⑤ 発電所の停止
↓
⑥ ブラックアウト

というプロセスで発生した。

引き金は苫東厚真（とまとうあつま）火力発電所2・4号機（116万kw＊：石炭火力）の停止で、その後風力発電所（17万kw）、水力発電所（43万kw）、苫東厚真火力発電所1号機（30万kw）が停止し、供給量を低下させたことである。最初の火力発電所の停止からブラックアウトが発生するまで、17分間であった。発生してから約2日で停電の約99%が復旧した。

90%復旧までの日数で見れば、東日本大震災（890万戸）で約6日、令和元年9月の台風15号（93万戸）で約7日、西日本豪雨（平成30年7月：8万戸）で約3日、山陰水害（昭和58年7月:5万戸）で約3日であった。電気はネットワークで送電を融通できるため、他のライフラインに比べると、復旧が速く、通常2日以内に復旧されるが、台風15号（令和元年）で停電の完全復旧まで時間がかかった（約18日）のは、電柱の倒壊など山間部での作業が難航したためである。一方、一般的にガス管は供給しながらの確認ができないので、停電に比べて復旧に時間を要する。

送電ネットワークとしては、北海道から九州までの電力系統（電力システム）は、

すべて送電線でつながっている（全国基幹連系系統）（**図**）。周波数の異なる東日本（50Hz：ドイツ製発電機）と西日本（60Hz：米国製発電機）の間でも、長野県と静岡県に周波数変換機能を持つ特殊な変電設備があり、相互に変換して融通しあうことができる。

海外では、米国で2003年8月に北東部（とカナダ・オンタリオ州）において、43時間の停電が発生した。これはオハイオ州での電柱の樹木接触により連鎖的に送電が停止したものである。1977年7月にはニューヨークで26時間に及ぶ大停電が発生した。これは落雷による過負荷が原因であった。

このように、停電が起こる可能性は高く、かつ長時間に及ぶことがある。一般的には発電所や変電所が災害で被災したり、風や土砂崩れで電柱が倒壊したり、

図　全国の送電網

出典）電気事業連合会の資料をもとに作成

風や飛来物で電線が切れることにより、停電が発生することが多い。

＊ 北海道管内の発電所では最大の出力であるが、東京電力や東北電力管内にはもっと出力の大きな発電所がある。火力発電所で出力が大きいのは、(1) 鹿島火力発電所（JERA< 旧東京電力 >：566 万 kw)、(2) 富津(ふっつ)火力発電所（JERA< 旧東京電力 >：516 万 kw)、(3) 東新潟火力発電所（東北電力：481 万 kw）などがある

<参考>

1) 資源エネルギー庁ホームページ：日本初の“ブラックアウト”、そのとき一体何が起きたのか

犯罪状況の概要

リスク分類▶ ③

犯罪は増えてると思いますか、それとも減ってると思いますか。1万人あたりの**犯罪認知**＊1**件数**で見ると、**図**のように1930年代の金融恐慌の時代に、犯罪が増加し、その後戦時中にかけて減少している。戦後に増加しているが、昭和40年代半ばからも増加し、**2002年にピーク**（約220件/1万人）になった後減少し、現在は昭和元年以降で最も治安が良い（50年前の半分、1日で約2千件）。内訳は窃盗犯が圧倒的に多く、次いで昭和40年代は粗暴犯・知能犯が多かったが、最近はその他の刑法犯（器物損壊等）が多い。

犯罪が終戦直後ではなく、2002年頃にピークになったのは、凶悪事件、ひったくり等の街頭犯罪、少年非行の深刻化、外国人による組織犯罪があったためである。検挙外国人は中国人、ベトナム人が多い。一方、近年犯罪が減少している理由は、防犯カメラの普及および自転車盗や空き巣の件数が減少しているからである。

また、刑法犯の検挙＊2率は昭和60年代が60%台、平成に入って40～50%になった後、平成13年に最低（20%）となった。その後増加し、平成30年の検挙件数は30.9万件（検挙率38%）と、近年犯罪1件あたりの捜査態勢が充実したことにより、検挙率が増加（向上）している。年令別の10万人あたりの検挙人数で見ると、少年は3.5万人、成人は18.8万人であった。

平成30年の全国における刑法犯の認知件数は81.7万件で、1）東京11.4万件、2）大阪9.5万件、3）埼玉県6万件が多い。1万人あたりの刑法犯認知件数では1）大阪108件、2）東京83件、3）埼玉81件が多く、46）長崎26件、47）秋田24件が少ない。10万人あたりの凶悪犯（殺人、強盗、放火、強姦）認知件数では1）大阪7.4件、2）兵庫5.0件、3）東京5.0件が多く、46）秋田1.4件、47）山梨1.3件が少ない。

人口あたりの犯罪認知件数で大阪が多いのは、低所得者が多く（人口あたりの生活保護率は3.4%で最も高く、最低の富山の約10倍）、家庭環境が悪いからで、人口あたりの殺人件数もワースト1位である（上位県は奈良、和歌山、兵庫と関西圏が多い）。殺人事件を年齢別でみると、人口割合の増加に対応して、65才以上の割合が増加傾向にある。

刑法犯の内訳は窃盗犯（58.2 万件）が圧倒的に多く、次いで粗暴犯（5.9 万件：暴行 <3.1 万件 >、傷害 <2.2 万件 >、恐喝など）や知能犯（4.2 万件：詐欺（3.8 万件）、横領など）などが多い。他に凶悪犯、風俗犯（賭博、わいせつ）、その他（器物損壊、住居侵入、逮捕監禁）がある。刑法犯以外では特別法犯（15 種類）があり、刑法犯の約 1/3 の件数である。

死刑になる犯罪は 18 種あり、殺人罪（殺人の他、死亡が予想されるのに放置など）、強盗致死罪、爆発物使用罪、内乱罪（クーデター、革命）などがある。日本では年に 2 ～ 7 人の死刑が執行されている。死刑がある国は日本、米国、中国、イスラム教国（インドネシア、イラン、サウジアラビアなど）などの 56 か国で、死刑がない国は廃止 106 国と事実上廃止（制度はあるが長年執行していない）36 国をあわせて、142 か国と多い。

死刑執行数は中国が最多（正確な数は不明）で、年間執行数はイラン 250 ～ 500 人、サウジアラビア約 150 人が続く。イスラム教国で死刑が多いのは、イスラム教以前に世界最古の法律であるハンムラビ法典で刑法が厳しく定められたからで、砂漠で盗難にあっても死ぬ可能性があり、厳罰化が必要であった。また、公平性を欠く裁判が行われたり、自白を強要する捜査が多いことも影響したと思われる。

＊ 1　認知件数は警察機関によって認知された件数（届けられない事件は認知されない）を言い、発生件数とは異なる

＊ 2　犯罪や違反をした場合に検挙（犯罪や違反を特定）されるが、検挙されたからといって、逮捕されるとはかぎらない

図　1 万人あたりの犯罪認知件数の推移

出典）警察庁資料を用いて作成

大量殺人事件

リスク分類▶ ③

アメリカの銃乱射事件ほどではないが、日本でも大量殺人が行われた事件がある。戦前は60人以上の大量殺人事件（貰い子殺し*など）も多数あったが、戦後は放火殺人（36人）やオウム真理教事件（29人）を除くと、相模原障害者施設の19人殺害が最多の事件である。これらの事件は施設の管理が徹底されれば、防げるものもあるが、用意周到に計画されたものや個室での犯罪もあり、くれぐれも犯罪にあわないよう、各人が注意しなければならない。

＜附属池田小事件＞

平成13年6月に、大阪教育大学附属池田小学校（大阪府池田市）に、出刃包丁を持った犯人（宅間）が侵入し、児童を次々に襲撃し、児童8人が殺害された。犯行動機は社会への憎悪で、事件を起こした理由について、「エリートでインテリの子をたくさん殺せば、死刑になる」と思って殺害に及んだ。精神障害は認められず、事件の責任能力が認められた。平成16年に死刑執行ずみ。

＜秋葉原通り魔事件＞

平成20年6月、歩行者天国の東京・秋葉原で7人が死亡する事件が発生した。元派遣社員の加藤は2トントラックで道路を横断中の歩行者5人を撥ね飛ばし、3人が死亡した。加藤はトラックを降り、被害者の救護にかけつけた通行人・警察官17人をナイフで殺傷し、4人が死亡した。犯行動機はネットの掲示板荒らしに対する抗議行動だった。精神障害は認められず、事件の責任能力が認められた。現在公判中（死刑）。

＜相模原障害者施設襲撃事件＞

平成28年7月、神奈川・相模原市緑区の知的障害者福祉施設「津久井やまゆり園」において、元施設職員の植松が施設に侵入して、刃物で入所者19人を刺殺し、入所者・職員計26人に重軽傷を負わせた。殺害人数19人は戦後では最多である。犯行動機は「重度の障害者は安楽死した方が良い」という発想であった。死刑が確定している。

＜座間男女9人バラバラ殺人事件＞

平成29年8～10月、警察が行方不明の女性を捜索する過程で、神奈川・座間市のアパートで9人（女性8人（15～26才）、男性1人）の遺体を発見した遺体遺棄事件である。犯人の白石はインターネットで自殺願望の女性に「一緒に死のう」と声をかけ、アパートに連れ込んで、睡眠薬や酒を飲ませ、性的暴行を加えた後にロープで絞殺した。その後ノコギリで遺体を解体した。犯行動機は金銭および性的暴行目的である。死刑が確定している。

＜京都アニメーション放火殺人事件＞

令和元年7月、京都市伏見区にあるアニメ制作会社「京都アニメーション」のスタジオに侵入し、ガソリンをまいて放火し、69人が被害にあい、うち36人が死亡した。らせん階段があり、火の回りが早く、焼死が22人と多かった。3階から屋上へ上がる階段で多数の人が死亡していた。消防設備に問題はなかった。犯行動機は会社への憎悪（犯人の青葉は自分の小説の人物設定を会社が盗んだと供述）であった。

＊ 戦後まで、不倫や父親不明などの事情（姦通罪で収監される危険性）により、育てられない新生児を貰い子にし、親から養育費を受け取った後に殺害する殺人のことである

特殊詐欺(さぎ)対策

リスク分類▶③

特殊詐欺（面識のない者に電話等をかけ、金銭をだまし取る）には振り込め詐欺（オレオレ詐欺、還付金詐欺など）、振り込め類似詐欺（金融商品等取引詐欺、ギャンブル必勝情報提供詐欺など）、架空請求詐欺がある。被害額は平成 26 年がピークで、4 年連続で減少しているが、7 年連続で 300 億円以上あり、平成 30 年は 364 億円であった（**図**）。

特殊詐欺の認知件数は平成 21 年に減少した。これは警察庁に振り込め詐欺対策室ができたことや、銀行で振り込め詐欺に対して行員が声がけしたことによるものである。しかし、その後増加に転じ、平成 30 年は 7 年前の約 2 倍の 16 496 件の特殊詐欺があった。

1 件あたりの被害額は 233 万円である。内訳は件数・被害額とも、**1 位はオレオレ詐欺**（9 145 件、189 億円）、2 位は架空請求詐欺（4 844 件、138 億円）であった。特殊詐欺の被害件数では 70 才以上が 54%（女性 40%、男性 14%）が多く、60 才台も 27%（女性 20%、男性 7%）いて、60 才以上の女性が約 6 割を占める。オレオレ詐欺にあわないよう、息子からの電話はいったん切って、確認のためにかけ直すようにする。架空請求詐欺に対しては、家族や親せきに相談するか、消費生活センターに電話（局番なしの 188）で相談する<巻末の付録>。

特殊詐欺に関しては、以下のことに注意すると、犯罪にあう危険を減らすことができる。

- オレオレ詐欺：息子や孫の声に似ていても、もう一度かけなおして本人かどうかを確認する
- キャッシュカード手交型オレオレ詐欺：警察官や銀行員がキャッシュカードの暗証番号を聞いてきたり、カードを預かることはない
- 還付金等詐欺：ATM（現金自動支払機）を操作しても、還付金は戻ってこない

また、特殊詐欺被害を防止する標語として、警視庁の「**たこのおすし**」がある。

- たくわえ（貯え）を　家族で守ろう合言葉！
- こ（子）を思う　親の気持ちにつけ込みます
- の（乗）っちゃだめ！　ATM での還付金

・おれ（俺）だけど……かばんなくした　それは詐欺！
・すぐ出ない　留守番電話を聞いてから
・し（知）っておこう　詐欺の手口と撃退法！

なお、特殊詐欺はその時代の風潮・動向などに対応させて、最近では台風災害やオリンピックに便乗した詐欺も多く見られる。例えば、実在する団体の名称を語って、「災害義援金をお願いします」というFAXが送信され、実際とは異なる口座番号へ振り込ませる手口がある。また、オリンピックの席を購入したが、代金が未払いであるという連絡が来て、被害者は身に覚えがないことを伝えると、こちら（犯人）も弁護士に相談すると言われ、事件になっては困ると思い、指示通りにお金を送り、だましとられた例もある。

最近は都市部を中心に、アポ電（アポイントメント電話）が急増し、平成31年4月～令和元年12月の9か月間に9.1万件の被害があり、殺害事件につながるものもあった。アポ電では選別した相手先に電話をかけて、犯行を行う前に警察官や官公庁職員などになりすまして、家の状況（家族構成、資産状況、自宅の現金などの情報）を聞きだし、その後強盗に入る手口である。アポ電強盗への関心は、とくに女性が9割と多くが認識しているが、全体の3/4が何も対策をしていない。対策としては、

・迷惑電話番号データベースに基づいた迷惑電話自動着信拒否装置を設置する
・電話番号通知サービスを利用して、電話機や携帯電話を非通知着信拒否の設定にしておくと、知らない電話番号には自分の意思で出ないことができる

などにより、対応する方法がある。

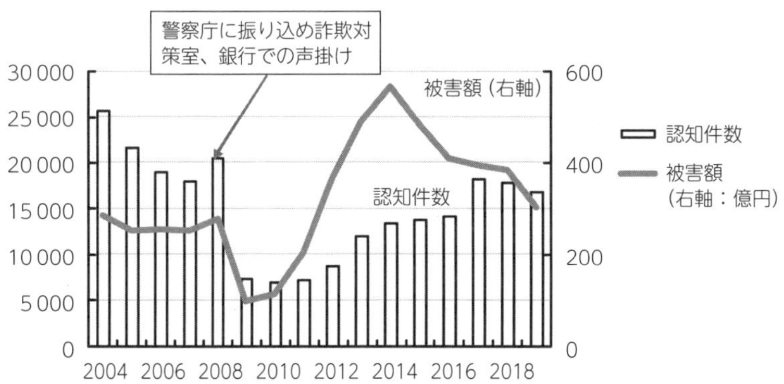

図　特殊詐欺件数・被害額の推移

出典）警察庁資料に基づき作成

詐欺グループは周到にあの手この手で仕掛けてくるので、とくに高齢者は引っかからないよう、十分注意する。「自分は大丈夫」と思っていても、詐欺グループは「だましのプロ」なので、引っかかってしまうことがある。話のなかで**お金の話になったら、怪しい電話**だと考えるのが一番である。家族や知り合いの電話番号を電話機に登録しておくと、それ以外の番号からかけられてきた場合、通信を拒否したり、電話のディスプレイに警告文が出るので、詐欺対策となる。

子供の被害

リスク分類▶ ③

子供（13才未満）の被害件数で多いのは（1）強制わいせつ*1、(2）暴行、(3）傷害である（**図**）が、子供の被害件数/おのおのの被害件数の割合で見ると、略取*2・誘拐（ゆうかい）（51%）、強制わいせつ（15%）が多い。子供の総被害件数は平成21年から減少し、現在7年前の約半数である。図には示されていないが、6～12才の被害は窃盗が約9割と多く、12才以下の窃盗事件が10年で約6割減少しているからである。しかし、強制わいせつ、暴行の件数はほぼ横ばいである。

子供はおもちゃやゲームなどにつられて連れ出されて、誘拐されることがあるので、けっして知らない人についていかないよう、言い聞かせる。子供が犯罪にあう場所は多い順に、1）路上、2）住宅、3）駐車場であることに注意する。

子供を犯罪から守る標語「**イカのおすし**」を周知させる。これは、

・ついてイカない（知らない人には、ついて行かない）

・車にのらない（知らない人の車に乗らない）

・おおごえを出す（「助けて！」と大きな声を出す）

・すぐ逃げる（大人のいる方へすぐ逃げる）

・しらせる（家の人にどんな人が何をしたかを知らせる）

である。他に標語「**いいゆだな**」がある。これは、

・いえのかぎを見せない！

・いえのまわりをよく見る！

・ゆうびんポストをチェック！

・だれもいなくても「ただいまー！」

・なかに入ってすぐ戸じまり！

である。

子供は夜道より、15時前後に犯罪にあうことが多い。都内の13才未満の子供の犯罪（強姦、強制わいせつ）の発生実態を見ると、下校時刻の**14～16時**が最も多いので、地域の人による見守りも重要となるし、人通りの多い道を使って帰らせるようにする。

対策としては、子供に防犯ブザー（防犯アラーム）を持たせ、正しい使い方を教える。防犯ブザーは警告するだけでなく、犯人に投げると、逃げる時間稼ぎに

もなる。なお、以下に示すようなさまざまなタイプの防犯ブザーがある。

・音の出し方：紐（ひも）タイプ、ピンタイプ、ボタンタイプ

・大音量：最大120dBも、これは飛行機のエンジン音に相当する

・ライト：アラームと同時にライト点滅

・ランドセルだけではなく、首にかけるタイプも

・生活防水

また、子供がいる場所を知るために、子供の携帯電話にGPS機能（移動しないときは自動的にスリープ状態に入り、電池寿命が長い携帯GPSもある）を付けておくことも重要である。

＊1 小さな子供のなかには、体を触られることが犯罪だとわからない子供がいる

＊2 略取とは暴行・脅迫を伴って、強制的に身体を拘束する点で、誘拐とは区別されている

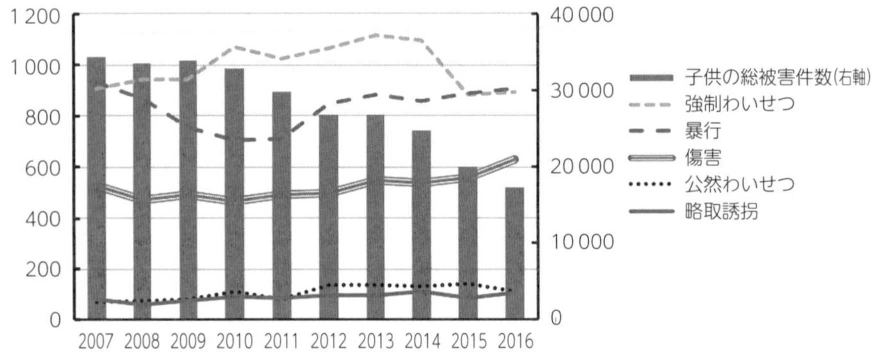

図　子供の被害件数の推移

出典）警察白書に基づき作成

<参考>

1）ALSOK ホームページ：子どもの犯罪被害と対策

性犯罪

リスク分類 ▶ ③

性犯罪の検挙件数は全体的には減少傾向にあるものの、強制わいせつは平成に入ってから増加傾向にある（**表**）。とくに強姦（性差をなくすため、平成29年より強制性交等罪に名称変更）は検挙件数、人員ともに大きく減少している。ただ、性的事件の警察への届け出率は18.5%と低いので、実際はもっと多数の性犯罪が起きている可能性がある。

性犯罪の犠牲者はほとんどが女性（強制わいせつで男性は女性の1/30程度）で、20才台の女性が最多であるが、13～19才の女性も多い。ながらスマホやイヤホンを両耳にして音楽を聴きながらの歩行は、抱きつきや強制わいせつなどの被害にあう危険が高くなる。被害場所は体を触られるなどのわいせつ行為が路上や駐車場などの屋外であるが、それ以外は住宅内が多い。そのため、訪問者にはインターホンで対応し、家の中に入れないようにするのが良い。

強姦、わいせつ目的の略取・誘拐の検挙率は高く、80%以上である。加害者（検挙者）は14～29才が減少し、30才以上が増加している。強制わいせつは50才以上が約2割いる。また以前は面識のない人による犯罪が多かったが、最近は面識のある人による犯罪が増加しているので、近親者だからといって安心できない。

13才未満の子供に対する強制わいせつ事件は1年で約千件ある。子供への性犯罪の再犯率は85%と高い。刑務所内では性犯罪者処遇プログラムがあり、性犯罪者の認知のゆがみを改善して、再犯防止を図るものである。

表　性犯罪の概要（平成26年時点）

犯罪名	検挙件数・人員の傾向	検挙件数 検挙人員	各検挙件数・検挙人員の傾向	被害者の年齢層（13～29才）の割合	被害場所
強姦	昭和40年より減少	1100件 919人	ピークの約1/6 ピークの約1/9	77%	住宅48%、ホテル・飲食店等22%
強制わいせつ	平成に入ってから増加	4300件 2602人	平成初期の2倍 平成初期の3倍	73%	屋外54%、 住宅23%
わいせつ目的の略取・誘拐	横ばい	68件 42人	横ばい 横ばい	—	—
強盗強姦	平成半ばより減少	35件 27人	平成半ばの1/2 平成半ばの1/3	—	—

教職員による児童・生徒に対する性犯罪も後を絶たない。人口または教職員数あたりの性犯罪者数を見ると、教職員は全体の約2倍と犯罪発生率が高い。これは公立学校の値であるが、これに塾や予備校の値を加えると、もっと発生率が高くなる可能性もある。性犯罪を起こす教職員は元来の性格だけでなく、環境の変化から小児性愛者になる人もいる。教員の採用にあたって、わいせつ教員の確認ができるよう、処分歴の検索期間が3年から40年に延ばされた。なお、子供の性犯罪は「子どもの被害」の項を参照されたい。

＜参考＞
1） 法務省ホームページ：性犯罪に関する総合的研究、法務総合研究所研究部報告 55

泥棒・空き巣

リスク分類▶ ③

平成30年の認知件数でみると、窃盗58.2万件のうち、侵入窃盗6.3万件、自動車盗9千件などである。泥棒（侵入窃盗）の内訳は空き巣68%、忍び込み26%、居空き6%となっている。忍び込みは深夜寝ている時間の盗みで、居空きは家族がリビングにいるときに裏口などから侵入する盗みである。泥棒（侵入窃盗）は6.3万件あり、ピークの平成14年は中国人窃盗団によるピッキング（針金や工具を用いてカギを開ける）が多く34万件もあったが、その後減少している。約半数は住宅対象の侵入窃盗である。

室内に人がいても、玄関から入って、玄関に近い部屋の金品を奪ったり、朝ゴミ出しの短時間に、侵入して強盗を働く。時間帯（各2時間で発生する割合）で、空き巣の割合（平成26年警察庁調査）を見ると

・8～10時　9.1%

・10～12時　18.6%

・12～16時、18～20時　いずれも12～13%

と主婦が夫・子供を送り出し、掃除・洗濯が終わって、買い物へ行く時間（10～12時）が最多であるが、ゴミ出し時間などの8～10時も意外と多い（**図**）。

計画的な泥棒は事前に**下見**して、家族構成、行動パターンなどを把握したうえで、行動に移す。下見をする空き巣が50%いて、3回以上下見する空き巣が15%いる。泥棒は留守宅狙いも含めて、事前に行った下見による情報を、インターホンや電気メーターなどに**マーキング**を行うことがある。マークは留守宅がR（またはル）、一人暮らしがS（Single）、女性宅がW（Woman）、D（大学生）、10-17（10～17時は留守）などである。被害対象とならないよう、マークを見つけて消しておく必要がある。

泥棒から中を伺われないよう、道路際に背の高いブロック塀や垣根を立てる人がいるが、これは逆効果で、泥棒が中に入れば、垣根などが隠れ蓑となり、泥棒の作業がしやすい環境を作ってしまうので、垣根や塀などは低くしておく。

マンションの入口にはオートロックがあるので、ドアを施錠しない人がいる（46%が無施錠被害）が、居住者に紛れて入ることは容易なので、必ずロックする。3階ぐらいまでの低い階がベランダからの侵入で狙われると思いがちである

が、実は屋上から高層階（富裕層が住んでいる）が狙われることもある*（4階以上も雨樋等を通じて壁沿いに上れる）。

防犯のための警備会社にSECOMやALSOKなどがあり、SECOMは1962年にできた最初の警備会社で警備のノウハウを有しているし、警備員数がALSOK（1965年）よりやや多い。それぞれで、初期費用と月額契約費が異なる（後発のALSOKの方が安いが、期間が長くなると安くなるSECOMのプランもある）ので、実情にあった会社を選ぶ。地方では警備の行き届いたSECOMに一利あるが、一人暮らし女性にはALSOKのレディースサポートも良い。全日警、東急セキュリティなどを含めた6社の見積もりを一括で請求できるサイトもある。なお、警備会社のシールを見ただけで犯行をやめる泥棒もいるので効果はある。

家の周囲にゴミが散乱していたり、庭が掃除されず、荒れている家は管理が不十分だと見なされ、侵入しやすいと思われて、空き巣の標的となりやすいので、しっかり管理しておく。また、家の周囲に防犯カメラを設置する。ダミーの防犯カメラでもある程度の効果はある。室内では玄関や金庫が置いてある部屋の中に設置するが、防犯カメラとわかりにくい室内カメラ（ベビーモニター）もある。外出先でスマートフォンにより映像を見ることもできる。

他の泥棒対策としては、追い払うために竹刀やバットを用意しておく。2m以上先まで届く催涙（さいるい）スプレーも有効であるし、防犯ブザーも役立つので携帯しておく。特に催涙スプレーはトウガラシが主成分で、強力なものは5m先まで届き、目が見えなくなるだけでなく、顔面全体が強烈な激痛に襲われる。小型の口紅タイプもある。

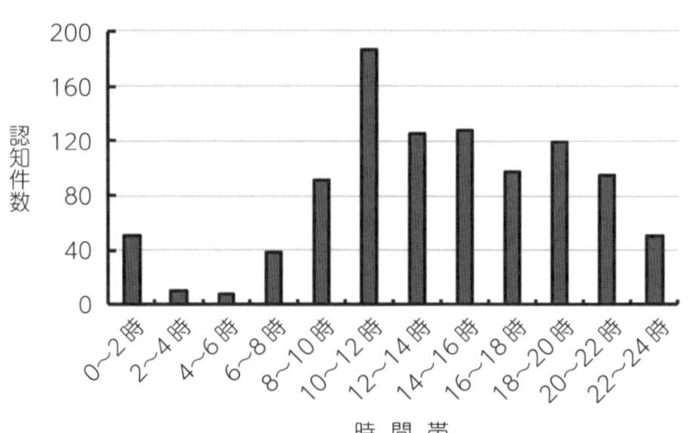

図　空き巣が入った時間帯

出典）警察庁資料（平成26年）に基づき作成

＊ 最上階の空き巣被害は、11階以上で16％、6～10階建てでは28％もある

<参考>

1）ホームセキュリティの教科書ホームページ：空き巣・防犯対策

出店荒らし

リスク分類▶ ③

出店(でみせ)荒らしは祭りの出店や屋台の空き巣ではなく、一般住宅の空き巣に対して、店舗の空き巣をこう言う。夜間無人となった店舗に侵入して、盗みを行うことで、貴金属店や高級ブランド店などが狙われやすい。件数は減少傾向にあるが、現在2万件程度ある。犯人は複数（運転手、見張り、盗み役の3人組）で、店や会社の人がいなくなる営業時間外を狙って、20分以内に盗み出す手口が多い。

金額の大きな出店荒らしとしては、

・神戸市を中心に西日本の2府5県を対象に、窃盗団が貴金属店のシャッターに車ごと突っ込み、バールでガラスを割り、車上荒らしを含めて、約650件、2.5億円の被害を起こした

・大阪、富山など7府県で、43人の窃盗団グループが出店荒らしや自動車盗を繰り返し、2003年3月～2005年5月に計440件、約3.5億円の被害を起こした。元暴力団員の男が首謀して、4～8人が1組となって実行した

などがある他、金庫を壊したり、金庫ごと持ち去る手口がある。出店荒らしは都市部で多い。

出店荒らし対策としては、

・ガラスを破って侵入することが多い（38%）ので、窓は割られにくい防犯ガラスにしたり、防犯フィルムを貼る

・カギはピッキングされにくい「防犯性能の高いシリンダー」とする。無施錠で侵入も23%あった

・レジなどの店内の売上金は閉店時に回収して持ち帰る。金庫は運搬が難しい大型金庫にする

・高価な商品は施錠された場所にしまう

・SECOMなどの防犯会社に管理を委託し、ガラスが割られると、警報が鳴るようにしておく

・防犯カメラや生体センサー（人感でライトを灯(とも)したり、音が鳴る）を設置する。泥棒にセンサーが反応すると、スマホに連絡が入り、スマホを通じて声が届くようにする

などを行う。

万一被害にあった場合、現場の商品など、何も触れずに110番通報し、保険請求に必要な侵入手口、被害状況の写真を撮っておく。警察が出動した後は、何を盗まれたかを確認し、警察に盗難届、被害届を提出する。盗難届の受理番号が保険請求時に必要となる。会社の印鑑証明書や実印は悪用されると、大変な金銭トラブルとなるので、すぐに地方法務局（法務省）へ盗難届、使用停止届、改印手続きを行う。

<参考>

1) セキュリティハウス・ホームページ：最新の犯罪情報

2) セキュリティハウス・ホームページ：防犯泥棒大百科

置き引き、スリ

リスク分類▶ ③

置き引きの件数は減少傾向にあるが、まだ3万件もあり、クレジットカードやキャッシュカードが盗まれた件数の約20%は置き引きによるものである。置き引きは窃盗罪*になると、10年以下の懲役または50万円以下の罰金となる。

置き引きの手口は

・新幹線や特急で、トイレや電話で席を離れたすきを狙って、座席や荷棚に置いてあるカバンや上着などを盗む

・駅のトイレで大きなスーツケースなどを入口横に置いたまま、トイレに入る人がいるが、盗まれる危険性が高い

・荷棚に置いたカバンの横に、同じようなカバンを置き、カバンを持ち去る

・待合室やレストランなどで、席のうしろの目の届かない所に置いた荷物やバッグを盗む

などである。パチンコ店で遊技台に置いた財布を盗む手口もある。対策としては、貴重品はカバンをたすき掛けにして、自分の体から離さないようにするとともに、**荷棚に荷物を置いたまま、席を離れたり、眠らない**ようにする。火災保険の特約に加入していると、補償対象となる場合がある（置き忘れのような過失は対象外）。

一方、スリは検挙件数では千件程度である。**スリの手口**は

・混雑した電車内で押し合いながら、財布などを抜き取る。体を密着されると、後ろポケットの財布を抜きとられても、気づきにくい

・（新聞やコートなどを使って、周囲の人から見えないようにして）走行中の車内の揺れや人の動きを利用して、財布などを抜き取る

・帽子かけに掛けている上着があると、その隣の帽子かけに自分の上着をかけて、自分の上着に用がある振りをして、財布などを抜き取る

などである。対策としては、財布はズボンの後ろポケットや上着の内ポケットなど、周囲から見える所にしまわない、取り出しやすい所に大切なものを入れない、またホームや車内で現金を出し入れしない（犯人は乗車前から人の行動を確認している）。

＊ 持ち主が荷物などから距離的に遠く、時間的に長く離れると、窃盗罪ではなく量刑の軽い「占有離脱物横領罪」（1年以下の懲役または10万円以下の罰金）が適用される

犯罪者の見極め技術

リスク分類▶ ③

ロシア政府の研究機関であるELSYSは監視カメラで撮影した人物の精神状態を可視化し、不審者を自動検知する技術を開発している。これはDEFENDER-Xと呼ばれる画像解析システムで、毎秒30枚の画像より顔のヒフ、眼球、口元、まぶたの動きから、攻撃的、緊張、精神状態を判断するシステムである。

ロシアのソチ・オリンピック（2014年）で入場ゲートや競技施設に131セット設置し、総来場者270万人に適用したところ、1日あたり5～15人を不審者として検知した。うち9割の人は薬物・酒などの禁止物の持ち込みやチケットを持っていない不正入場を試みる観客であった。東京オリンピック（2021年）を控えて、日本のキャノンやパナソニックも開発を進めている。

犯罪者を発見する手段に、防犯カメラや監視カメラがあり、日本には約500万台設置されている。内訳は防犯カメラが300万台で、スーパー、駐車場、オフィス、マンションなどに設置されている。他に監視カメラとして、地震などの災害対策、交通量の把握、河川・ダムの施設管理、温度計測用にサーモグラフィがついたものもある。

イギリスは日本以上に多いが、中国には世界最多の監視カメラ（2億台以上）があり、今後6億台に増やす計画である。防犯だけでなく、反政府活動を抑える目的がある。中国での交通事故やハプニングの映像がよくテレビで流れるのは、監視カメラが多く、映像をとらえやすいためである。

他の見極め技術に警察官の職務質問がある。警察官は質問をしながら、体や目の動きを見て、どう反応するかを確認している。例えば、車内に薬物を持っている場合、そちらに目が行ったり、そこから警察官を離そうとする行動に注目するのである。刃体の長さが6cm以上のナイフを持っていると、銃刀法違反で取り締まれる。ただし、業務など正当な理由があれば、所持していても逮捕できない。

警察官は単なる通りすがりの人でも、わずかな表情・動作の変化、持ち物を観察して、対象者を見つけ出す。絶えず、不自然さ（繁華街で服にくもの巣、異常に膨らんだバッグ、防犯シールをはがした自転車など）に注意している。また、職務質問では対象者と適度な距離を保ち、手の動き（ナイフを出す）に注意している。

空港の税関では、検査所で検査するだけでなく、検査所へ来る手前から、乗客の不審な動きや怪しい挙動を見ていて、詳細に検査する人の目星をつけている。動きが怪しい人は麻薬や密輸品などを所持している可能性がある。税関には昭和54年より麻薬探知犬も導入され、現在約130頭いる。他に爆発物探知犬、銃器探知犬もいる。

書店などの店舗では、多数の万引き事件が発生しており、被害額は約4 600億円に及ぶ。万引きは犯罪検挙数の約4割を占めている。万引きは単独犯の場合と、グループで1人が店員の注意を引き、別の1人が犯行に及ぶ場合がある。万引きを行う場合、不自然な動きをとったり、頻繁な目の動きをするので、注意して見極める。そして、犯行に及ぶ前に声がけするなど、抑止に務める。万引きも立派な犯罪で10年以下の懲役または50万円以下の罰金となることを周知して、犯罪を防止する。

ヒヤリハットの法則

リスク分類▶ ③

たとえ、事故や災害に至らなくても、もう少しで危なかったと思うことは多い。車で左折するときに、うしろから来たバイクを巻き込みそうになったり、歩きスマホに夢中で赤信号で横断しようとしたり、飛行機運航時の操縦ミスなど、こうしたいわゆるヒヤリハットは日常的に多数ある。

米国人技術者のハインリッヒの法則（日本ではヒヤリハットの法則）によれば、1つの重大事故の背後には29の軽微な事故があり、その背景には300の異常が存在する。これは工場で発生した5千件以上の労働災害の調査結果に基づいて、統計的に分析したもので、1：29：300という数字に絶対的な意味がある訳ではない。

この法則は事故や災害は偶発的なものではなく、その背景には多くのインシデント（事故）が存在し、これらの要因が連鎖的、または複合的に重なり合って必然的に1つの重大事故へとつながっていくことを意味している。労働事故だけではなく、交通事故や飛行機事故、情報セキュリティ管理、企業のクレーム対応など、さまざまな分野で応用できる考え方である。

一方、畑村氏は重大な事故や失敗が起きることを防ぐためには、過去の事故や失敗が発生した原因を解明することが重要であるとした。指摘されている社会を発展させた三大事故には以下の3事故がある。

① 米国ワシントン州タコマの吊り橋（1940年）：横風による自励振動が原因

② 世界初のジェット旅客機であるコメット機(1954年):2機が空中爆発した:胴体の金属疲労が原因

③ 米国の輸送船リバティ船が200隻以上喪失（第二次世界大戦中）：低温脆性（溶接の欠陥）が原因

<参考>

1） 畑村洋太郎：失敗学のすすめ、pp.33 ～ 40、講談社、2005

交通事故（場所）

リスク分類▶ ③

交通事故による死者数は、飲酒運転の取り締まりや違反の厳罰化*などもあって、昭和45年の約1.7万人をピークに、近年ではピークの1/5の約3千人まで減少している（愛知県、千葉県が多い）。死者数の内訳は歩行者36%、自動車34%、二輪車17%、自転車13%で、歩行者と自動車をあわせて7割である。死者は警察庁は事故後24時間以内としているが、欧米では30日以内としている。日本では30日以内の死者数は24時間以内の1.1～1.2倍程度である。

交通事故発生件数は昭和60年～平成半ばに増加した。これは自動車台数の増加、走行距離の増加によるものである。平成16年にピークとなり、その後減少したが、現在昭和30年代後半程度で、それほど減少していない（**図**）。これは自動車の安全性能の向上（エアバッグ、自動ブレーキシステムなど）、飲酒運転の減少などにより、事故は起きても死亡に至るほどではないからである。

道路延長は幹線道路（国道、県道など）が15%、生活道路（市町村道など）が85%であるのに対して、死者の発生場所は幹線道路が66%と多く、死傷事故の発生場所は幹線道路と生活道路は同じ割合である。すなわち、交通量が多い幹線道路での事故発生率が高い。

交通事故は**交差点**で多く発生している（54%）。五差路などの複雑な交差点や見通しの悪い交差点はとくに要注意である。事故件数の8割以上が車同士の事故で、人と車の事故は約1割である。車同士の事故では追突が40%、出会い頭（がしら）の衝突が29%である。追突は単路が交差点の1.6倍で、見通しの良い単路で考え事をしながらの漫然運転や脇見による注意不足により、前の車の減速などの変化に対応できなかったことが原因である。

事故件数では、車同士の事故が圧倒的に多いので、車の運転にあたっては、先入観を持って「きっと止まるだろう」のような「きっと……だろう」ではなく、「もしかしたら止まらずに直進してくるかもしれない」のような「もしかしたら……かもしれない」という、万一のことも考え、余裕を持った安全側の気持ちで運転することが重要である。

人と車の事故では横断中が56%と多いので、歩行者も事故に巻き込まれないための意識を持つ必要がある。次いで多いのが、背面通行中（うしろから来る車による）の9%である。なお、各地の交通事故多発マップ（または危険箇所）は、自治体のホームページに記載されているので参考とする。

信号がなく、「止まれ」の標識のない交差点では、左方優先で通行する。幅が広い道路が優先されるのは、道路幅が1.5倍以上異なる場合である。なお、「止まれ」の文字表示があっても、標識がなければ、一時停止する義務はない（違反とはならない）。

歩道に車が突入してくることがあるので、ガードレールのある歩道や一段高くなった歩道を歩く。歩道は車道から離れた所を歩くようにする。道路を横断しようと歩道で待っているときも、なるべく道路から離れた場所で待つようにするのが賢明である。

＊ 第一次交通戦争（昭和40年代）は歩行者の死亡、第二次交通戦争（昭和60年代～平成初め）は運転手の死亡が多かった。第一次交通戦争後は歩道やガードレールの整備、第二次後はシートベルト装着や飲酒運転の厳罰化により死亡事故が減少した

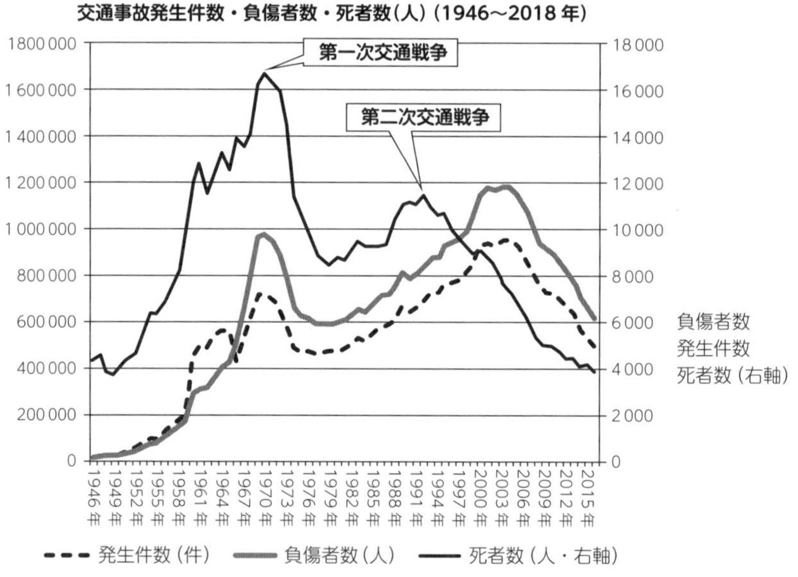

交通事故発生件数・負傷者数・死者数(人)(1946～2018年)

第一次交通戦争
第二次交通戦争
負傷者数
発生件数
死者数(右軸)
発生件数(件)　負傷者数(人)　死者数(人・右軸)

図　交通事故による死者数・負傷者数・発生件数

<参考>

1）Mr.リードのホームページ：交通事故が起こりやすい場所・状況は？　無事故のために知りたい5つのデータ

交通事故（飲酒、スピード）

リスク分類▶③

飲酒運転の検挙件数は約3万件あり、経年的に減少傾向にある。うち約1割が飲酒事故で、事故の2/3が酒気帯び運転（0.25 mg/L以上）によるものである。飲酒に伴う死亡事故は、危険運転致死傷罪が新設（平成13年）されたことなどもあって、平成5年をピークに減少傾向にある。減少しているが、**飲酒運転**事故は他の事故の**約8倍のリスク**がある。飲酒運転事故の約94%は男性によるものである。

酒酔い運転や酒気帯び運転（0.25 mg/L以上）は免許取消となるし、酒気帯び運転（0.25 mg/L未満）は90日間の免許停止になる。また、酒酔い運転は5年以下の懲役または100万円以下の罰金という重い刑事罰が科せられる。なお、酒酔い運転とはアルコールの影響により正常な運転ができないおそれがある状態で、直線上をまっすぐ歩けるか、言語などから判断・認知能力が低下していないかなどで判断される。

お酒は何時間残る（何時間後に運転できる）か知っていますか。個人差はあるが、次に示すような種類・量のアルコールを飲むと、体重が60～70kgの人で、それぞれ分解するのに約4時間を要する。安全を見ると、飲んだ後7～8時間おく方が良い。水を飲むとアルコール濃度が下がると言う人がいるが、これは事実ではない。また、睡眠時はアルコールの分解は遅くなるので、もっと時間を要する。

- ビール中ビン1本（5%、500 mL）
- 缶チューハイ1本（8%、350 mL）
- ワイングラス2杯（12%、240 mL）
- 日本酒1合（15%、180 mL）
- ダブルのウイスキー1杯（40%、60 mL）

一方、スピード違反検挙件数は120万件以上あり、うち2/3は時速15～25 km未満の速度超過である。違反件数は減少傾向にあり、最近の違反件数の1位は一時不停止である。運転スピードと致死率との関係を見ると、時速50 km以下であれば、致死率は2%以下であるが、時速71～80 kmでは15%、時速81～90 kmでは22%と高くなる。車の停止距離＝空走距離＋制動距離で、スピー

ドが上がるほど、停止距離は長くなる。時速に対して見れば、

時速		空走距離		制動距離		停止距離
・50 km	→	14 m	+	14 m	=	28 m
・70 km	→	20 m	+	27 m	=	47 m

となり（1 秒の反応時間を含む）、例えば前方 40 m で子供が道路に飛び出してきた場合、時速 50 km では衝突を回避できるが、70 km では衝突してしまう。なお、空走距離とは運転手が危険を感じて、ブレーキを踏み、ブレーキがきき始めるまで車が走る距離をいう。

運転時に利用する情報の約 9 割は視覚情報で、運転に関連が強い動体視力は通常の視力より 5 ～ 10％低下する。運転速度を上げると、前方の視野（見える範囲の角度）が狭くなり、

・時速 40 km では 100 度
・時速 70 km では 75 度
・時速 100 km では 50 度
・時速 130 km では 30 度

というように、時速 100 km では 40 km の半分の狭い視野となる。

＜参考＞

1） グーネット中古車ホームページ：飲酒後の運転は何時間後に出来る？　アルコールが抜ける時間とは？
2） 警察庁ホームページ：速度による停止距離
3） 内閣府ホームページ：自動車の走行速度の低下による交通事故の低減効果等

自転車事故

リスク分類▶③

年間約9万件（件数は減少傾向）の自転車事故があり、交通事故全体の約2割が自転車絡みである。自転車事故の死者数は減少傾向にあるが、400～600人もいて、65才以上が全体の2/3で、次いで15～19才が多い。自転車事故による死者数は過去3年連続で愛知県がワースト1であったが、令和元年は、1）千葉県（172人）、2）愛知県（156人）であった。事故発生率（事故件数/保有台数）でみれば、1）佐賀県、2）福岡県と九州が多い。

自転車事故件数は約12万件あるが、ほとんどが**対自動車の事故（86%）**で、以下対二輪車（6%）、自転車単独（3%）、自転車同士、対歩行者の順に多い。自転車でも速いスピードでぶつかると、死亡や重症に至る場合があり、数千万円の賠償金を支払った事例もあるので、自転車保険に加入しておくことが大事である。

平成27年に兵庫県で義務付けられて以降、埼玉県や京都府など、加入を義務付ける自治体が増えていて、令和2年10月時点で1都2府12県8政令市で義務化されている。加入率は兵庫71%、京都70%などの関西圏が高い。兵庫県が加入を義務化したのは被害者救済が目的である。

保険は示談（じだん）代行付き、補償額1～3億円が人気で、保険料は世帯まとめて毎月千円強が目安である。自転車運転中だけでなく、交通事故等によるケガや日常生活上での賠償事故も補償される保険もある。ただし、格安プランの保険は示談代行がなかったり、自転車通学の未成年が対象外の場合もある。

高額賠償事例としては、

- （9 520万円）小学5年生の少年の自転車が坂道を下って、歩行中の62才女性と衝突し、女性が意識不明
- （9 266万円）男子高校生の自転車が車道を斜めに横断し、対向車線を自転車で直進してきた24才の会社員男性と衝突し、会社員は言語機能を喪失

など、1億円近い賠償事例がある。また、死亡事故もあり、成人男性が信号無視して交差点に進入し、横断歩道を横断中の55才の女性と衝突し、女性は頭蓋内損傷等で11日後に死亡した（5 438万円の賠償）。

事故原因で多いのは安全不確認で、後方の安全をよく確認せず、急に進路変更することで、他に一時停止の標識を無視して、左右の安全確認をしない一時不停

止がある。守るべきルールには、「左側通行、原則車道通行（歩道走行時は歩行者優先で車道寄りを徐行)、イヤホンをつけたまま走行しない」などがある。

自転車も車両（軽車両）なので、事故も道路交通法違反となる。静岡市では歩道を自転車で運転中、前にいた女性の自転車を追い越そうとして接触し、女性を転倒させ、骨盤骨折の重傷を負わせたが、走り去ったため、重過失傷害と道路交通法違反（ひき逃げ）の疑いで逮捕された。

事故ではないが、自転車乗車時の犯罪にも気を付ける。自転車のカゴに入れたバッグや財布などを、後ろから来たバイクの人などにひったくられないよう、カゴの上にロープなどをかけたり、カバーをかけておく。

<参考>
1) 兵庫県ホームページ：自転車事故による高額賠償事例

交通違反の取り締まり

リスク分類▶ ③

速度違反では、法定速度は一般道で時速 60 km、高速道路で時速 100 km *1 であるのに対して、一般道で時速 90 km 以上、高速道路で時速 140 km 以上でつかまると、交通違反通告制度で処理できず（反則金の支払いで終わらず）、裁判所で罰金や懲役などの刑罰を受ける可能性がある。ながら運転などで摘発されたが、出頭要請に応じないと、逮捕される場合がある。

速度違反自動取締装置には、

- レーダー式：ドップラー効果*2 より車速を算出する。移動式オービス（ボーイング社）もある
- ループコイル式：道路下に 3 本のコイルが埋め込まれ、車のコイル通過時の反応より速度計測を行う。道路脇にカメラも設置されている
- H システム：赤外線ストロボとデジタルカメラ、探知機に探知されにくいレーダーで構成される。積雪でループコイルが影響を受ける地域で利用。H システムの H は High speed の H である
- LH システム：ループコイル（Loop の L）と H システム、これが現在主流の取締機である（**図**）

などがある。また、N システム（ナンバーの N）もあるが、これは速度違反ではなく、車のナンバーを撮影して、容疑者などの足取りを追うのに使われるので、これで違反者になることはない。

以前無断で撮影するオービスはドライバーの肖像権を侵害するとされたが、最高裁の判決で撮影の事前告知などがあれば良いこととされ、オービスの 1 ～ 3 km 手前に速度警告板が設置され、撮影画像が検挙に活用されている。

悪質な違反をすると、以下のような免許取消や免許停止となる。なお、酒気帯び運転の 0.25 mg/L とは、呼気（吐き出す息）1L に対するアルコール濃度である。アルコールの分解に要する時間については、「交通事故（飲酒、スピード）」の項を参照されたい。

- **免許取消**：酒酔い運転、麻薬等運転、酒気帯び運転（0.25 mg/L 以上）、無免許運転など
- 免許停止 90 日：酒気帯び運転（0.25mg/L 未満）、仮免許違反、大型自動車

等無資格運転

・免許停止60日：無車検運行、無保険運行

・免許停止30日：速度超過　一般道で時速30km以上、高速道路で時速40km以上

新聞や県警のWEBサイトを見ると、今日の交通取り締まり箇所などが書かれている。このように、交通取り締まりを公開したら意味がないと思うかもしれないが、速度違反に対する意識を高め、交通事故の抑止に効果はある。なお、交通違反の取締り件数は平成に入ってから減少傾向にあり、平成30年（約600万件）は昭和末期の約半数である。

シートベルトの着用率は向上していて、一般道では運転手99%、助手席同乗者96%と高いが、後部座席同乗者は39%と低い（平成20年より後部座席も着用が義務化)。都道府県で見ると、運転手着用率が高いのは長崎県、島根県であった。なお、後部座席同乗者も高速道路では74%と高い。

＊1 新東名高速道路などの一部区間で最高時速を120kmに変更することが検討されている

＊2 レーダーから発射された電波が車にあたり、跳ね返ってきた周波数の変化より、車の速度を算出することができる

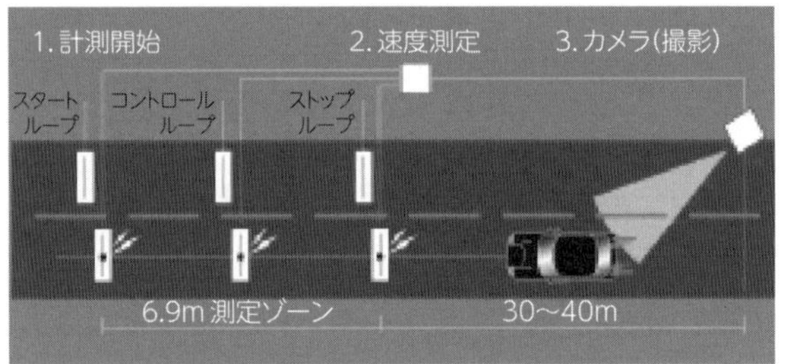

図　LHシステムの概要

出典）ユピテル：スピード取締りのミニ知識（https://www.yupiteru.co.jp/products/radar/data/minichishiki_03.html）

<参考>

1）くるまのニュース・ホームページ：自動速度違反取締装置"オービス"の最新事情　神出鬼没の移動式が増加傾向

感染症と対策について

リスク分類▶③

人類と感染症の闘いは最近始まった訳ではない。約１万年前に人間が狩猟社会から農耕社会へ移行したときに始まった。狩猟社会では個人（小集団）が狩りや猟に出かけるのに対して、農耕社会では村を作って、大集団で生活するため、人の接触の機会が増えたのである。加えて、狩猟社会の移動生活に対して、農耕社会の定住生活では精肉や乳をしぼる牛、運搬手段としての馬を狭い空間で飼うようになり、家畜からの病気を受けやすくなった。農耕では食べる以上の農作物が得られ、貯蔵した農作物を狙って、ネズミが発生し、ダニやノミなどを媒介して、人間が病気を引き起こすようになり、感染症が広がった。

ウイルスは感染症をもたらす悪者と思われる。しかし、長い時間の中で感染を繰り返すうちに、宿主（寄生・共生生物が体にくっついている個体）との間で遺伝子に影響を与え合ってきた、すなわち、今ある生物はウイルスの恩恵を受けてきたのである。例えば、我々は発達した胎盤を持つ有胎盤哺乳類だが、ウイルスのお陰で胎盤を持っている。元々ウイルスが持っていた遺伝子を人間が転用して胎盤を作るために使っているのだ。太古のウイルスが持っていたシンシチン遺伝子が胎盤作りの鍵となり、母体と胎児の血液が混じり合わないよう働き、栄養などの物質交換や酸素と二酸化炭素のガス交換を司る。このウイルスによる遺伝子があったからこそ、哺乳類が生命の歴史を連綿とつなげることができた。

ところで、感染症は

・アウトブレイク：特定の地域で、特定の集団に突発的に感染が発生

・エピデミック：特定の地域から国全体に感染が広がる

・パンデミック：大陸を超えて世界的に感染拡大

の３段階で広まっていく。パンデミックはギリシャ語の pan（すべて）と demos（人々）に由来する。これまでに猛威をふるい、多数の死者を出した感染症は以下の通りである。過去に発生したパンデミックの事例としては、他に天然痘、エイズ、マラリアがある。

< 1347 ～ 1835　ペスト >

6 ～ 8 世紀末、14 ～ 19 世紀半ば、19 世紀末～ 20 世紀中盤の複数回にわたって、流行した。総死者数は 8 500 万人で、とくに 14 世紀半ばにはヨーロッパ人の 1/3

～2/3に相当する2～3千万人がなくなった。ペスト菌は北里柴三郎(きたさと)が1894年に発見したが、同時期にアレクサンドル・イェルサン（スイス・フランス）も発見した。ペスト菌により発生し、皮膚が黒くなって亡くなるので、黒死病と呼ばれる。ノミにかまれて移っていく。リンパ節の腫れや痛みを伴い、その後発疹ができる。肺に感染すると、人にうつる

＜1817～　コレラ（6回目）＞

7回のパンデミックが発生した。6回目はインドで発生し、蒸気機関車や蒸気船などの交通手段の進歩により広がった。食中毒の原因菌であるコレラ菌により発生する。汚染された水や食料が原因で、下痢や嘔吐を生じる。コッホが1884年にコレラ菌を発見した。劣悪な衛生環境が原因であったため、その後、公衆衛生が広まり、上下水道が整備された

＜1918～1920　スペイン風邪＞

20世紀に発生した3度のパンデミック（アジア風邪、香港風邪）の一つで、A型インフルエンザウイルス（H1N1亜型*）が原因、5億人（世界人口18億人の1/4、日本で2 400万人/5 700万人）が感染し、4～5千万人（日本で38万人）が死亡、1億人が死亡したという説もある。死者数は第一次世界大戦の死者数(853万人）をはるかに上回り、致死率は2.5%以上であった。日本での死者数は関東大震災の4倍であった。米国・カンザス州で発生し、健康な若者の死者が多く、第2波の致死率は第1波の約4倍と高かった（第3波まであった）。一般にインフルエンザの犠牲者は乳幼児、70才以上の高齢者、免疫不全者に集中するが、スペイン風邪では死者のほぼ半数が20～40才で、ウイルスが若年成人の免疫システムを破壊したり、妊婦の死亡率が高いことが、若年成人の死亡率を高くした原因である。第一次世界大戦中で、各国は情報統制を行って、感染状況を知らせず、中立国であったスペインで流行が大きく報じられ、発生源ではないが、スペイン風邪と命名された。第一次世界大戦が終息した理由の一つがスペイン風邪だった

＜1956～1957　アジア風邪＞

中国で発生し、香港を経て6か月未満で世界中に症例あり、200万人が死亡（日本で98万人が感染し、6千人死亡）した。致死率はスペイン風邪より低かったが、第2波が高かった。日本での死亡者は小中学校の児童、高齢者が多かった。A型インフルエンザウイルス（H2N2亜型）が原因、ワクチンの開発により、死者数は抑えられた

<1968　香港風邪>

香港で発生し、約100万人（日本で2200人以上）が死亡。A型インフルエンザウイルス（H3N2亜型）が原因、飛行機の発達により、拡散が速くなった。ワクチンにより、感染が減少した。3つのインフルエンザ（スペイン風邪、アジア風邪、香港風邪）とも、鳥類に由来し、弱毒性であった

<2009　新型インフルエンザ>

最初にメキシコや米国で流行し、世界で約49万人が感染し、約2万人が死亡した。スペイン風邪と同じA型インフルエンザウイルス（H1N1亜型）が原因であった

感染症対策としては、抗ウイルス薬やワクチンがある。抗ウイルス薬はHIV、インフルエンザ、B型肝炎など、限られた感染症に対するものしかなく、SARSやMERSに対する抗ウイルス薬はまだない。これは抗ウイルス薬の開発には長い期間（9～17年）と多額の費用（300億円以上）が必要となるし、試験がうまくいかずに開発中止のリスクもあるからである。

一方、ワクチンも抗ウイルス薬ほどではないが、開発には最短で18か月を要するし、多額の開発費を要する。ワクチンが開発されるまでのプロセスは以下の通りである。臨床試験は治験とも言われ、第1段階で少人数を対象に効果や影響を確認し、第2段階では数百人、第3段階で数千～数万人の治験者を対象に試験が行われる。臨床試験の後には厚生労働省による審査がある。

・基礎研究：マウス等による動物実験……2～3年

・非（前）臨床試験：薬理・毒性試験……3～5年

・臨床試験：治験者に対して、効果と安全性の検証……3～7年

ワクチンの予防接種は、はしか、おたふくかぜ、ジフテリア、破傷風で行われ、9割以上の人が免疫を持つようになった。ワクチンを打った人の抗体量が感染の回復者より多ければ、ワクチンの効果がある。ワクチンには生ワクチンと不活化ワクチンがあり、はしかやおたふくかぜには生ワクチン、ジフテリアやポリオや破傷風には不活化ワクチンが使われている。それぞれの特徴等は以下の通りである。

・生ワクチン：生きた微生物を発症しない程度に弱毒化して使用する。発症リスクが残るので、妊婦や免疫不全者には使わない

・不活化ワクチン：微生物の全体または一部を感染しないように無毒化して、免疫を獲得する。持続期間は生ワクチンより短い

他に遺伝情報を使う遺伝子ワクチンがある。ウイルス本体ではなく、ウイルスの遺伝子を使ってワクチンを作るので、安全に作れる。ウイルス遺伝子を組み込んだDNA分子を大腸菌などを使って、タンクで培養でき、ワクチンの大量生産が可能となる。従来と比べて、短期間、低コストで実用化できる。しかし、これまでこの方法で実用化された事例はない。

新型コロナウイルスのワクチン開発では、米国のファイザー社が先行（12月から供給）し、これを米国・モデルナ社（12月から供給）と中国・シノバック・バイオテック社が追随している。日本では大阪大発の医療新興企業であるアンジェス社が開発を行っている。ワクチンは開発した国や地域が優先的に利用するため、自国での速い開発が望まれる。

＊ H1N1亜型のH、Nはウイルス外側のタンパク質の膜表面のH（ヘマグルチニン）、N（ノイラミニターゼ）で、ヘマグルチニンはインフルエンザが宿主細胞に付着する役割があり、ノイラミニターゼは宿主細胞の外へ出す働きがある。インフルエンザはこれらの組み合わせで構成されているが、1900年代にヒトで大流行を起こしたA型インフルエンザは3つの組み合わせしかない

<参考>

1） 武村政春：生物の進化とウイルス、会報 倫風、833号、pp.14～15、実践倫理宏正会、2020

コロナウイルスの脅威

リスク分類▶ ③

風邪も10～15%程度はコロナウイルスによるもので、SARSやMERSもコロナウイルスの1種である。最初のコロナウイルスは50年前に発見された。今回のコロナウイルスは7番目で、SARSウイルスが変化したものである。ウイルスの形が太陽のコロナ(太陽周囲のガス層)に似ていることから、こう呼ばれている。

新型コロナウイルスは潜伏期間中**(無症状)でも他人に移す**可能性がある点が、SARSなどと異なっている(**表**)。ウイルスは目、鼻、口の粘膜から侵入して増殖し、肺に達して肺炎を引き起こす。また、ウイルスに対して、防御するサイトカイン(免疫に関係する体内物質)が攻撃すると、血管の壁のウイルスが血栓(血の塊)となり、血液で運ばれて、肺に達して肺塞栓症を引き起こして、重症化することがある。

感染症の下地となる**基礎疾患**(糖尿病、高血圧、心不全など)があると、短期間で**重症化**する場合がある。男性は喫煙者が多く、サイトカインが多いため、重症化しやすい傾向がある。また、インフルエンザは気温が高くなると減少するが、新型コロナウイルスはインフルエンザほど減少せず、長期化する。

感染はPCR検査で陽性(ウイルスがいる)になることでわかる。ただし、PCR検査も万全ではなく、検査精度は約70%である。抗原検査*(ウイルスに特徴的なたんぱく質を見つける簡易検査)の精度はやや低いが、陽性は確定できる(陰性の結果が出た場合はPCR検査をした方が良い)し、15～30分の短時間で検査できるメリットがある。なお、PCRとはポリメラーゼ連鎖反応の略で、ウイルスの遺伝子を増幅して検出するので、少ない量でも量ることができる。PCR検査のステップは

・RNAウイルスをDNAウイルスへ変換する
・加熱してDNAを変性させる
・DNAにプライマー(試薬)を結合させる
・DNAポリメラーゼにより、DNA鎖が合成される

である。これを繰り返し、数時間で特定のDNA断片を100万倍に増幅させる。なお、RNAはリボ核酸、DNAはデオキシリボ核酸の略語である。新型コロナウイルスはRNAウイルスで不安定なため、変異しやすい。インフルエンザと同

じように、変異するとそれぞれに対応したワクチンが必要となる。

世界の感染者数を見ると、10万人（3月7日）までは緩やかに増加したが、20万人（3月18日）→50万人（3月27日）→100万人（4月2日）→300万人（4月28日）→500万人（5月21日）→1 000万人（6月28日）→2 000万人（8月10日））→3 000万人（9月17日）→4 000万人（10月19日）→5 000万人（11月8日）→8 000万人（12月26日）に増加した。この増加傾向は時期的に中国、ヨーロッパ、米国・ブラジルの感染者数の増加傾向に対応している。死者数は5万人（4月2日）→10万人（4月10日）→20万人（4月26日）→40万人（6月8日）→60万人（7月18日）→80万人（8月23日）→100万人（9月29日）→150万人（12月4日）と増加した。

日本では1月16日に初感染者が確認され、1 000人までは緩やかに増加したが、1 000人（3月21日）→3 000人（4月3日）→5 000人（4月9日）→1万人（4月18日）→2万人（7月7日）→4万人（8月3日）→6万人（8月21日）→8万人（9月23日）→10万人（11月1日）→20万人（12月21日）と増加した。死者数は2月13日に初死者が確認され、52人（3月29日）→104人（4月5日）→308人（4月23日）→517人（5月2日）→1 001人（7月28日）→3 000人（12月22日）→5 000人（1月23日）と増加した（何れもクルーズ船は除く）。

新型コロナウイルスは現時点では致死率はそれほど高くないが、今後高くなる可能性もある。ちなみに、エボラ出血熱は致死率が約50％（一気に重症化するので、感染は広がらなかった）、インフルエンザの致死率は国内では0.1％以下で、1968年に大流行した香港かぜでは約100万人が死亡し、致死率は0.03％、2009年の新型インフルエンザでは約2万人が死亡し、致死率は0.0003％であった。新型コロナウイルス感染の疑いが出た場合、すぐ病院に行くと他の人に感染させることになるので、まずは保健所に連絡して、その後の対応について相談する。

年齢ごとの新型コロナウイルスによる致死率（中国、4.4万症例）を見ると、基礎疾患（高血圧、心不全など）を持つ高齢者ほど高く、以下のように70才を超えると、致死率が急激に上昇する（**図**:高齢者は感染者数が少ないことも影響）。

・10～49才　0.2～0.4％
・50才台　1.3％
・60才台　3.6％
・70才台　8％
・80才以上　14.8％

ウイルスに感染すると陽性反応が出る。陽性率は都道府県により異なり、感染者が増加する前の1月15日～4月3日の期間では、大阪が28％で最も高く、千葉24％、東京20％であったが、4月22日時点では東京39％、大阪22％、神奈川17％と、東京がかなり高く、人口に比例した順位となっている。東京で陽性率が高いのは、感染可能性の高い人を対象にPCR検査を行っているからである。

新型コロナウイルスは濃厚接触や飛沫で感染するので、インフルエンザと同じように、マスクを着用し、うがいや手洗いをしっかりするようにする（逆にコロナ対策をしておくと、インフルエンザを抑えこめる）。不織布のマスクはフィルター能力が高いが、布マスクは低く，ウイルスが通過してしまう。一般的なマスクは洗浄すると、繊維（ウイルスをブロックするフィルター機能）がダメになるので、再利用できない。マスクがないときはガーゼ、キッチンペーパー、タオルで代用することができる。

今後感染者数の増加に対して、日本では病床の不足、対応する医師の不足がそれ以上に懸念される。日本の病院数約8千は世界一、人口あたりの病床数（14床／千人）も世界一だが、人口あたりの医師数（2.3人／千人）は平均以上ではあるが55位と少ない。世界平均は病床数が3.6床／千人、医師数が1.8人／千人である。

対策としては、他の人との接触を少なくすることが重要である。インターネット「お買物混雑マップ」なども活用する。根本的にはワクチン（抗体により細菌やウイルスを弱毒化する）や薬の開発が望まれる。ワクチン開発は時間を要するが、薬はレムデシビル（エボラ出血熱の治療薬）やアビガン（抗インフルエンザウイルス薬）などを副作用に注意しながら利用する。

レムデシビルは米国で開発された薬、アビガンは日本で開発された薬で、いずれもウイルスを増やさない薬である。レムデシビルは腎機能や肝機能の障害を引き起こす副作用があるし、アビガンは血管を詰まらせることがあるし、妊婦に投与してはならない（動物実験の結果、胎児への影響あり）。

ワクチンには従来型の弱毒化または不活化ワクチンと、新規型のDNAワクチン・RNAワクチンがある。それぞれの特徴と開発機関は以下の通りである。

・従来型：開発に時間を要する
　シノバック社、シノファーム社（中国）
・新規型：これまでに承認例がない、副作用が生じる可能性がある
　DNAワクチン：アストラゼネカ社（英）

RNA ワクチン：ファイザー社（米）、ビオンテック社（独）、モデルナ社（米）

新型コロナ感染後、陰性になって病院を退院した後も、コロナ後遺症に悩まさ

表　ウイルス関連の感染症の比較表

	新型コロナウイルス	MERS（マーズ）	SARS（サーズ）
正式名称	COVID-19（Corona Virus Disease 2019）	中東呼吸器症候群	重症急性呼吸器症候群
英語名	novel coronavirusnovel：「これまでと変わった」の意味	(Middle East Respriratory Syndrome) coronavirus	(Severe Acute Respriratory Syndrome) coronavirus
拡散年	2019年12月に中国で発症、2020年に中国で拡散	2012年に英国で発症、2014年に中東で拡散、2015年に韓国で拡散	2002年に中国で発症 2003年に中国で拡散
発生原因	コウモリのウ·イルス→別の動物（不明）→ヒトへ ＊一説ではセンザンコウを媒介して、ヒトへ感染したと言われている	中東（アラブ首長国連邦、イラン、イラクなど）のヒトコブラクダのウイルス→ヒトへ	コウモリのウイルス→ハクビシン→ヒトへ ＊当初ハクビシン説だったが、現在コウモリ説が有力
感染者数 死者数	9000万人以上 180万人以上	約2500人 850人以上	約8100人 774人
致死率	約7%＊1（武漢約5%） 免疫機能の弱い高齢者や基礎疾患のある人が死亡	約35% 韓国で院内感染、大人数のお見舞い文化により流行	約10% 医療関係者が死亡
症状	発熱、肺炎、せき	発熱、肺炎、せき、胃炎、下痢	高熱、肺炎、せき、下痢、呼吸困難
潜伏期間	1～12.5日	2～14日	2～10日
感染経路	濃厚接触、飛沫感染	濃厚接触、排泄物感染	飛沫感染
感染力	感染力は強いが、病原性は強くない。無症状（潜伏期間）の時にも他人に移す可能性がある。 感染力が強いL型（70%）と、攻撃力が弱いS型（30%）がある。S型が古く、L型が新しい。 抗体ができても、90%以上の確率で2～3か月で抗体が減少＊2し、再感染する可能性あり	感染力は強くない 突然肺炎になる	感染力は強い 潜伏期間内では移らない
対策	多数の国からの入国拒否。指定感染症となり、強制入院、医療費は公費	抗炎症薬、抗生物質	感染源となる動物の取引中止。ワクチンや治療法はなかった
その他	ウイルスはついた材料にもよるが、3時間～3日生存する（新型インフルエンザでは1～2日）。無症状でもウイルスは同量である	まだ封じ込めができていない	新型コロナと同様に、生鮮市場が発生源 中国政府は発症をWHOに報告せず。2003年7月に封じ込めに成功（WHO）

＊1：新型コロナウイルスでは、無症状の感染源者がいるので、致死率は実質的にはもっと低い
＊2：内側のN抗体は3か月で消えるが、外側のS（中和）抗体は5か月以上安定している

れることがある。陰性になって、1～2か月後に、まだ倦怠感、頭痛、味覚障害があったり、その結果不眠症や食欲不振となることがある。重症患者だった場合、呼吸器系に障害が起き、肺がふくらみにくく、酸素をうまくとりこめなくなるためで、軽症患者だった場合、ウイルスを完全に排除できていないためである。

経済的には中国経済が世界経済に占める割合は、SARSのときは5%（GDPのシェア）であったが、現在（2018年）は16%（日本は6%）と高くなっているので、経済に与える影響は非常に大きい。影響が長引くと、中国だけでなく、世界各国のGDPが減少したり、リーマン・ショック（2008年）以上に経済が失速することなどが考えられる。

＊ 類似の検査に抗体検査があり、体内に抗原（ウイルス）が侵入してきたときに、抗原に対抗する抗体（抗原を認識して結合するタンパク質）の有無（現在または過去に感染したかどうか）を調べる検査である

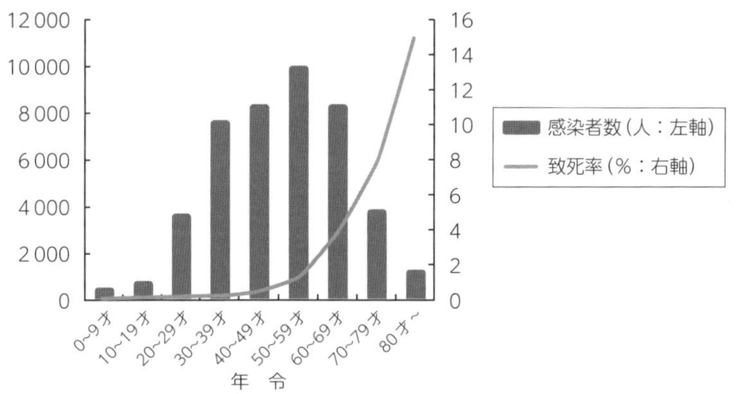

図　年齢別の致死率・感染者数

注）2020年2月11日現在（中国）

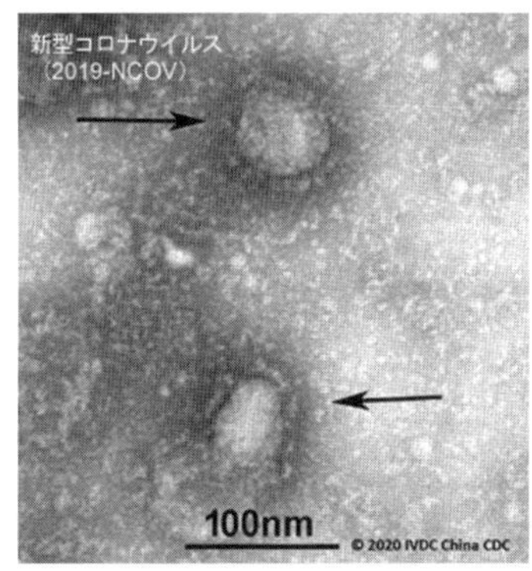

写真　新型コロナウイルス

注）100nmは1万分の1mmである

出典）IVDC, CHINA CDC　GISAID-Initiative

他の感染症

リスク分類▶ ③

現在、感染症に対しては厚生労働省の感染症法*で対応している。感染症法では、重大さ等に応じて、感染症を表のような五つの類型に分類している（**表**）。絶滅したものも含まれている。類型の数字が小さいほど、病毒性や致死率が高いので、注意する必要がある。なお、新型コロナウイルスは二類感染症に相当し、それより致死率が高い感染症に、エボラ出血熱やラッサ熱などがある。現在、重症患者の治療に特化するため、感染症法の運用を見直し、新型コロナウイルスをインフルエンザ並みの五類にして、軽症者は入院せずに自宅やホテル療養させることが検討されている。

表中に太字で示した疾患と発疹チフス、日本脳炎、流行性脳脊髄膜炎（のうせきずいまくえん）などを含めた11種は法定伝染病で、伝染が強く死亡率が高いため、診断した医師は保健所への届け出等が義務付けられている。一類のペスト（黒死病）は、蔓延（まんえん）により中世ヨーロッパの人口を半減させたほど死亡率が高い。狂犬病については「動物によるリスク」の項を参照されたい。

表　指定されている感染症の特徴

類型	指定されている疾患	感染症の特徴	入院勧告	就業制限
一類	エボラ出血熱、ラッサ熱、クリミア・コンゴ出血熱、**ペスト**、**天然痘**（てんねんとう）など	最も病毒性や致死率が高く、ヒト－ヒト感染も容易	○	○
二類	MERS、SARS、鳥インフルエンザ、ポリオ、**ジフテリア**など	一類に次いで、病毒性や致死率が高いが、ヒト－ヒト感染は一類ほどではない	○	○
三類	**コレラ**、**細菌性赤痢**（せきり）、**腸チフス**、**パラチフス**など	主として経口感染、糞口（ふんこう）感染し、病毒性も高い	×	○
四類	A型肝炎、狂犬病、マラリアなど	主として動物由来感染、虫媒介感染するが、ヒト－ヒト感染しない	×	×
五類	麻疹（はしか）、季節性インフルエンザ、AIDS／HIV感染症、梅毒など	病毒性は低いが、疫学調査を通じたサーベイランス（調査監視）が必要	×	×

注）太字は法定伝染病である

四類のマラリアはハマダラカという蚊を介してヒトに感染するマラリア原虫による感染症で、とくに三日熱マラリアが多く、重症化しやすい。高熱、悪寒、頭痛、筋肉痛の症状が出て、免疫力が弱い妊婦や小児が重症化する。2018年には世界で約 2.2 億人が感染して、43.5 万人が死亡した。アフリカだけでなく、アジア、オセアニアでも感染死者が発生した。現在もアフリカで感染が広がっていて、今後 70 万人以上が死亡するという予測結果もある。

上記の表の類型では蔓延防止の措置は書かれておらず、措置を適用する感染症を以下の三つの類型で示している（**表**）。二番目の指定感染症が新型コロナウイルスで定められた指定感染症である。なお、表中の再興型とは過去に公衆衛生上の問題となるほどの流行とはならず、いったん下火になり、近年ふたたび猛威を振るい始めた感染症である。

表　類型ごとの感染症指定

類　型	感染症の内容	指定の方法
新型インフルエンザ等感染症	新型インフルエンザ ・鳥インフルエンザ等が変異し、連続したヒトーヒト感染能力を有するようになったインフルエンザ	世界的な発生状況、ウイルス学的知見等を総合的に判断し、厚生労働省からの通知で周知する
	再興型インフルエンザ ・かつて新型インフルエンザとして世界に蔓延し、一旦終息したものが、再び蔓延するようになったインフルエンザ	厚生労働大臣が定める
指定感染症	・既知の感染症が重篤な症状等を起こすようになり、蔓延防止のための措置が必要になった場合に定める ・指定期間は最長 1 年まで	政令で定める （内閣が制定する）
新感染症	・既知の感染症と異なり、ヒトーヒト感染し、重篤な疾患である場合に定める ・指定期間は最長 1 年まで	政令で定める （内閣が制定する）

表に示した感染症のうち、菌を発見したり、ワクチンを開発した人は下の**表**の通りである。

表　感染症に関する主要な発見等

発 見 等	年	発 見 者	備　考
天然痘（種痘の開発）	1796	エドワード・ジェンナー（英）	近代免疫学の父
結核菌の発見	1882	ロベルト・コッホ（独）	近代細菌学の父
コレラ菌の発見	1884	ロベルト・コッホ（独）	近代細菌学の父
狂犬病（ワクチン開発）	1885	ルイ・パスツール（仏）	近代細菌学の父 、炭疽病（たんそびょう）
ペスト菌の発見	1894	北里柴三郎 同じ時期にアレクサンドル・イェルサン（スイス・フランス）	日本の細菌学の父 北里は香港到着 2 日後に発見した
赤痢菌の発見	1897	志賀潔	名前が病原細菌の学名に（日本人で唯一）
脳梅毒（菌の発見）	1913	野口英世	細菌学者、黄熱病

今後も、市場での不衛生な動物の扱いや各種インフルエンザの発生などがあるし、国際的に活発な人の往来があるため、新たな感染症が発生する可能性は高い。中国の報告では 2011 ～ 2018 年に、食肉処理施設と動物病院の豚を対象に、豚インフルエンザウイルスを分離した結果、新型豚インフルエンザが確認され、今後世界的にパンデミックが起きる可能性があると発表した。豚からヒトへの感染は起きているが、ヒトからヒトへの感染が起きているかどうかは今のところ不明である。

＊ 感染症法は伝染病予防法（明治 30 年）を平成 11 年に改正した法律である

<参考>

1） akkie.mods ホームページ（クリエイティブ・コモンズ）：指定感染症とは｜感染症法の解説

化学物質 1

リスク分類 ▶ ③

化学物質は石油化学製品、金属、原油などで、とくに石油化学製品は日常生活に欠かせない、あらゆる分野（自動車、コンピュータ、電子・電気機器など）で応用されている。例えば、プラスチックは軽くて、水や薬品に強く、さびない特性があるし、建築や自動車製造に用いられる合成樹脂を使用した塗料もあり、私たちの生活に重要な役割を担っている。

化学物質が応用されたものは食品類、衣料品、家電製品、洗剤･化粧品、塗料･接着剤などに分類される（**図**）。これらは大量生産でき、高い機能を有している点が大きな利点であるが、環境などへ与える負荷もあり、以下の対策が必要となる。

・化学物質の使用や排出を減らす
・使用上の注意を守り、捨てるときはルールに従う
・製品を買う段階で環境への負荷が少ない製品を選ぶ

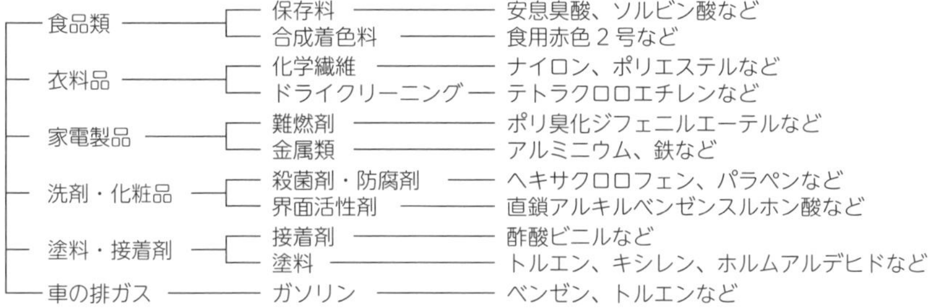

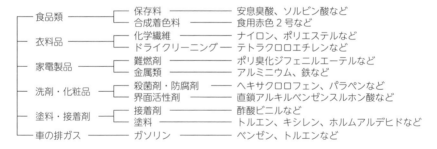

図　化学物質とそれを含むもの一覧

また、食品に含まれている化学物質について懸念している人も多くいると思う。ここでは、中国産のウナギとリンゴを例にとって説明する。

＜中国のウナギ＞

中国産のウナギは安いので買いたいが、化学物質が使われていて、体に良くないのではないかという声をよく聞く。中国と日本ではウナギの種類が異なる。中国はヨーロッパウナギ（アンギラ･アンギラ種）であるが､日本はニホンウナギ（アンギラ・ジャポニカ種）で、シラス（稚魚）から違う。中国のウナギは元々日本

の会社が中国で養殖を始めたものである。中国産の方が肉厚があるので、すぐ見分けられる。

確かに中国のウナギには抗生物質や成長ホルモンが投与され、殺菌*のためにマラカイトグリーンが使われている。抗生物質は汚れた水で病気にならないために投与されている。安いマラカイトグリーンは発がん性があるが、一般的にペットの魚類の消毒に使われている。このように、化学物質が使われているが、日本鰻輸入組合が安全性を確認していて、中国産でも安全性に問題はない。

ちなみに、ウナギは平賀源内が勧めた土用の丑の日（立秋前の18日間のうちの丑の日（十二支の2番目））に食する人が多いが、これは源内が親しくしていたウナギ店の店主のために、脂があまりのっておらず売れ行きが悪い夏のウナギが売れるように言い出したものである。したがって、脂ののった秋～初冬に食べる方がうまくて良い。ウナギは冬眠前のこの時期に体内に栄養を貯めるからである。

<リンゴの表皮>

リンゴの表面はピカピカしたり、ベタベタしているときがあるが、これはワックスではない。「無農薬」の表記がある場合、農薬は使われておらず、乾燥を防ぎ、新鮮さを保つために、「油あがり」と呼ばれるロウ性の物質（パラフィン、アルコールなど）がリンゴの表皮から分泌されているためで、これは無害である。品種によって差があり、「つがる」や「ジョナゴールド」などによく見られる。

「無農薬」の表記がない場合、表面に残留農薬がついているが、人の健康に害を及ぼすほど強くはない。リンゴを水、重曹水（炭酸水素ナトリウム）、野菜洗い洗剤で洗えば、問題はない。

＊ 殺菌と滅菌の違いは、特定の有害な菌や微生物を殺すのが殺菌、繁殖させないよう、あらゆる菌を完全に除去する（生存確率1/100万以下）のが滅菌である。殺菌は医薬品などでしか使えない。医薬品や洗剤などを使用するときは、容器に書かれた用途等を見てみる

<参考>

1） 環境省ホームページ：暮らしの中の化学物質

化学物質 2

リスク分類▶ ③

化学物質に対する過敏症が多く見られる。化学物質は洗剤、塗料、殺虫剤、ナイロンなど、5万種類もあり、過敏症の発症者は70～100万人いると言われている。発症原因の半数以上が室内空気感染で、微量の化学物質や薬物でも健康被害を引き起こす。ある化学物質で化学物質過敏症を発症すると、その後他の化学物質でも症状が出る場合がある。重症になると、仕事ができなくなったり、学校へ行けなくなるほど、ひどくなる。

化学物質過敏症のうち、最も多いシックハウス症候群は、建物の建材、接着剤、塗料など*に含まれるホルムアルデヒドやVOC（揮発性有機化合物）により起きる病気（**図**）で、頭痛、めまい、イライラ、呼吸困難、皮膚の湿疹(しっしん)などを引き起こす。**ホルムアルデヒド**は建物の**内装仕上げ**（断熱材、接着剤、塗料、仕上塗材など）で使われ、強い刺激臭がある。VOCは塗料やガソリンなどに含まれているトルエン、キシレンなどである。原因物質のある所を離れると、症状が軽減することが多い。

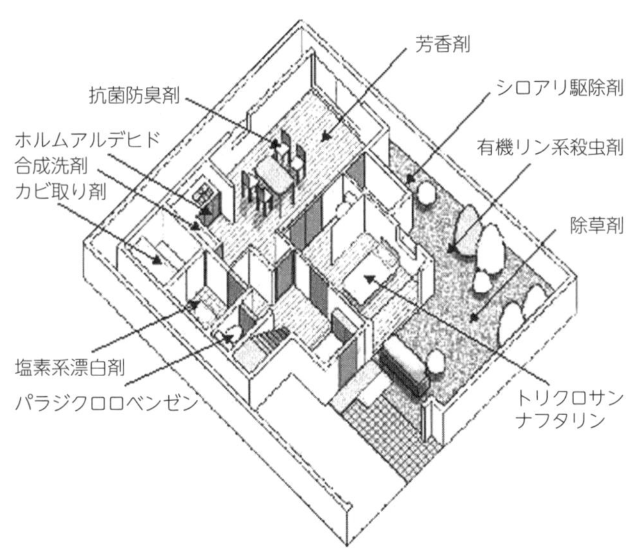

図　シックハウス症候群の原因物質

出典）日本建築学会編：シックハウス事典、p.9、技報堂出版

また、最近香りブームだが、香料に含まれている化学物質（ベンゼン、アセチレンなどから製造）で頭痛、めまい、吐き気などの体調に異変を起こす場合がある。室内だけでなく、室外でも起きる化学物質過敏症の原因に、殺虫剤（有機リン系農薬）、農薬、排気ガス、花粉などがある。

対策としては、「① 体内への取り込み量を減らす、② 体内に蓄積された化学物質の分解・排出、③ 規則正しくストレスの少ない暮らしにより身体機能を改善する」などがある。まずは症状に影響しそうな物を屋外に出すことである。それから、除去力が高いミストウォッシュ空気清浄機（ミストを噴霧した複数のフィルター（活性炭など）で強力吸着）を活用する。化学物質だけでなく、ニオイ、ウイルスも除去してくれる。

＊ ホルムアルデヒドなどは、他に家具、衣類、防虫シートなどにも含まれている

環境リスク

リスク分類▶③

環境リスクとはさまざまな環境要因が人の健康や動植物に悪い影響を及ぼす可能性のことで、前述した化学物質以外に、プラスチックごみ、水質汚染、土壌・地下水汚染、大気汚染などがある。

最近プラスチックごみが問題となり、お店でレジ袋を有料にする動きがある。しかし、レジ袋はプラスチックごみの2～3%にすぎないことに注意すべきである。プラスチックごみで多いのは容器包装で全体の2/3を占めていて、次いでストローなどが16%、ペットボトルが14%である。

プラスチックごみは工場や道路（消費者が捨てるなど）から、川を通じて海へ流入する。海外、とくに多くのアジアの河川からは適切なゴミ処理をせずに流出している。海の生物の92%が海洋プラスチックにより、傷つけられたり、死んだりしている。水中だけではなく、プラスチックごみは細かくなると、空気中を浮遊し、人間が吸い込んだり、地面に堆積する。蔵王（山形）の樹氷のなかでも確認されている。

1人あたりの使い捨てプラスチック使用量は米国が1位で、日本が2位である。総排出量は中国が1位である。日本では過剰包装の傾向が強く、例えばスーパーで肉を買えば、厳重にラップされた商品が透明のビニール袋に入れられ、さらにレジ袋に入れられる。個包装のお菓子を一袋消費すると、かなりの量のプラスチックごみが出る。

一方、水質の環境基準達成率を見ると、河川が約90%、海域が約80%と高く、湖沼が約50%と低い。改善には下水道の普及が影響していて、処理人口普及率は約30年間で約40%（平成元年）→約80%（平成30年）と倍増している。湖沼の達成率が低いのは水の流れが少なく、富栄養化や淡水赤潮のため、あまり改善されていないからである。水質事故で見ると、油類流出が約9割と圧倒的に多い。水質汚染すると、汚染が濃縮された魚を食べた人が健康被害を被ることがある。

土壌・地下水汚染は昔は鉛やカドミウムなどの重金属による農地汚染が多かった。近年は有機塩素化合物、ダイオキシン、重金属などによる市街地汚染が多い。これらの汚染は「体感しにくい、長期間にわたる」のが特徴である。ダイオキシ

平常時

ンの被害発生プロセスは「焼却施設で発生→大気中へ拡散→地上に落下→土壌や川・海へ→呼吸や食品を通じて体内へ→発ガンの危険性」である。野積みされた有害物質や工場廃水が地中へ浸透して発生したり、地盤強化剤（セメント系固化材）が汚染を引き起こすなどの事例もある。

土壌・地下水汚染の対策としては、以下のような対策がある。

・掘削除去：汚染された土壌を掘削し、浄化した土壌を埋め戻す
・封じ込め：矢板や地中連続壁で封じ込める
・原位置浄化：栄養剤注入により微生物分解させたり、フェントン試薬（有機化合物の分解薬）で分解する
・活性炭吸着：VOC（揮発性有機化合物）を物理的に吸着して補集する

大気汚染にはPM2.5（大気中に浮遊している直径2.5 μm＊（髪の毛の1/30）以下の微小粒子状物質）があり、吸い込むとぜんそくや気管支炎など呼吸器系の病気のリスクが生じる。PM2.5は物の焼却、ガソリン車・ストーブなどの燃焼から発生する。また、火力発電所や工場などから排出されるSO*x*（硫黄酸化物）やNO*x*（窒素酸化物）が大気中で化学反応を起こして、二次的に生じることもある。

＊1 μmは1mの百万分の1

<参考>

1）NPO土壌汚染技術士ネットワーク：イラストでわかる土壌汚染、山海堂、2007
2）末次忠司：実務に役立つ 総合河川学入門、pp.103 ～ 105、鹿島出版会、2015

一緒にすると危険なもの

リスク分類▶③

家庭ではトイレ用洗剤（酸性タイプ）と酸素系漂白剤（過炭酸ナトリウムなど）を混ぜると、中和反応で塩素が発生し、塩素は有毒なので、吸入すると息苦しくなったり、咳、窒息感が起きる。多量に吸引すると、最悪死に至る場合がある。容器に［まぜるな危険｜酸性タイプ］と表示されている。

塩素系洗剤と酸性タイプの洗剤が混ざっても、塩素が発生して危険である。容器に［まぜるな危険｜塩素系］と表示されている。塩素系洗剤にはパイプ用洗剤やトイレ用洗剤があり、次亜塩素酸ナトリウムが含まれている。

商品名で言えば、これらに該当する洗剤等は

・トイレ用洗剤（酸性タイプ）：ルック（ライオン）、アズマジック（アズマ工業）、酸性トイレクリーナー（シーバイエフ）

・酸素系漂白剤：ワイドハイター（花王）、ブライト（ライオン）、オキシクリーン（グラフィコ）

・塩素系洗剤：キッチンハイター（花王）、トイレハイター（花王）、マイペット（花王）、カビキラー（ジョンソン）、パイプフィニッシュ（ジョンソン）

・酸性タイプの洗剤：サンポール（キンチョー）、ティンクル（キンチョー）、スクラビングバブル（ジョンソン）

などである。容器の裏側に使用上の注意事項が記載されているので、使用前に必ず読んでおく。

混ぜ合わせではないが、石油ストーブのタンクにガソリンを間違って入れると、どうなるかわかるだろうか。ガソリンは揮発性が高く、タンクが温められた結果、タンクの内圧が上昇し、あふれたガソリンにストーブの火が引火して、大きく燃え上がる被害となる。ガソリンスタンドで灯油の貯留タンクに間違ってガソリンを混入させることもある。

食べ合わせが悪いものもあり、以下に例示するので参考にされたい。

・天ぷらとスイカ：胃液が薄まり、消化不良を起こす（胃腸の弱い人、とくに下痢気味の人は要注意）

・カニと柿：両方とも身体を冷やす（冷え性の人は要注意）

・トコロテンと生卵：消化が悪いものどうしで、胃腸に負担がかかる

・ドリアンとアルコール飲料：ドリアンの酵素とアルコール飲料のエタノールとの反応で、死に至る危険性もある。ドリアンはフルーツの王様以外に、悪魔のフルーツとも言われている。産地はマレー半島、インドネシア、フィリピンなどである（日本は多くをタイから輸入）。東南アジアではドリアンとアルコールを一緒にとると、消化不良になったり、発酵して膨張し、嘔吐（おうと）をもよおすこともあると言われているが、迷信という説もある

<参考>

1） SC ジョンソン・カタログ：まぜるな危険をちょっと科学しよう！

災害以外の落下物リスク

リスク分類 ▶ ③

風害などの災害時に落下物や飛来物で被災することもあるが、災害でなくても各地で落下物被害は以下のように発生しており、リスクとして注意する必要がある。例えば、7階建てのビル屋上（高さ約20m）から地面に落下するまでは、約2秒しかかからないので、落下してきたら対応は困難である。また、米軍基地や自衛隊があると、飛行機の墜落や不時着事故が多い。

- 平成28年10月：東京港区の六本木で、工事中のマンション外壁の足場解体作業中に作業員が抱えていた数本の鉄パイプのうちの1本が落下し、下の迂回歩道を歩いていた男性の頭を直撃して、死亡させた
- 令和元年11月：JR和歌山駅近くの12階建てビルの屋上で、看板補修工事の足場を撤去中、作業員が誤って鉄パイプを落とした。鉄パイプの直撃を受けた男性1人が死亡した
- 令和2年2月：在沖縄海兵隊の大型ヘリが読谷村（よみたんそん）海上に鉄の物体を落下させた。この物体はミサイルを模したもので、戦車と同規模の大きさであった。1月にヘリの墜落事故があったばかりであった

平成30年8月に群馬県の防災ヘリが墜落し、乗員9人全員が死亡した。米軍関係では、平成29年には米軍機が1機墜落し、2機不時着した。平成30年には米軍機が4機墜落し、3機が不時着した。したがって、米軍基地や自衛隊（航空、海上）がある地域などは、頻繁に飛行機の落下リスクに見舞われていると言える。

高速道路での落下物は年間30万件以上もあり、100件程度の事故が発生し、人身事故は10件程度ある。落下物は木材や鉄くずなどの資材や廃材が多い。落下物を発見したら、後続車が事故にあわないように、道路緊急ダイヤル（# 9910）に通報する＜巻末の付録＞。

高速道路などで前方を走っていたトラックの荷台から落ちてきた積荷に後続車が接触する事故があるが、この場合トラックに問題があるが、後続車にも前方注視義務があるため、保険での事故の過失割合はトラック：後続車＝60：40なので要注意である*。

＊ 信号停止している車に衝突してきたら、100:0の過失割合（被害者の過失なし）だが、それ以外は過失がないようでも、過去の判例に基づいて、被害者にもいくらかの過失割合が求められる

隕石（いんせき）や人工衛星の落下

リスク分類▶③

隕石による被害としては、6500万年前にメキシコのユカタン半島に大きさ**約15kmの隕石**が衝突して、高さ約1.6kmの津波や衝撃波（超音速で伝播する圧力波）が発生して、恐竜が絶滅するなど、地球生物の75%が死んだ事例がある。隕石落下により形成されたクレーターの直径は170kmにも及んだ。なお、衝撃波の影響（物を吹き飛ばす）は局所的で、地球全体に影響を及ぼしたのは、その後の（太陽光線を遮ることなどによる）急激な気温変化であった。

他には約2億1200万年前（中生代）に、直径5kmの小惑星が地球に衝突し、直径100kmのクレーターが形成された事例がある（**写真**）。クレーターはカナダ東部のセントラル・ケベックにある。数年に一度は世界中のどこかに隕石が落下している。地球に突入するときに燃え尽きるものが多いが、直径が120mを超えると、爆発しながら落下する隕石もある。爆発する理由はよく分かっていない。

日本では、1992年12月に島根県松江市の民家に6.4kgの隕石が落下した。隕石は民家の屋根を突き破って、床下まで達した。1986年7月には、香川県国分寺市・坂出（さかいで）市に隕石が割れて落下し、回収された総重量は11.1kgであった。通常数十～数百gの隕石が多い。隕石の破壊力は、例えば重量が7kg（15cm）の場合、TNT換算して、広島原爆の5万分の1相当である。

隕石による被害に対しては、生命保険が適用される。また、火災保険に加入していると、保険金を受け取ることができる。補償対象は「建物のみ」か「建物と家財」を選ぶようになっているので、注意する。なお、隕石以外でも、建物外部からの物体の落下、被雷、衝突または倒壊であれば、火災保険で補償される。

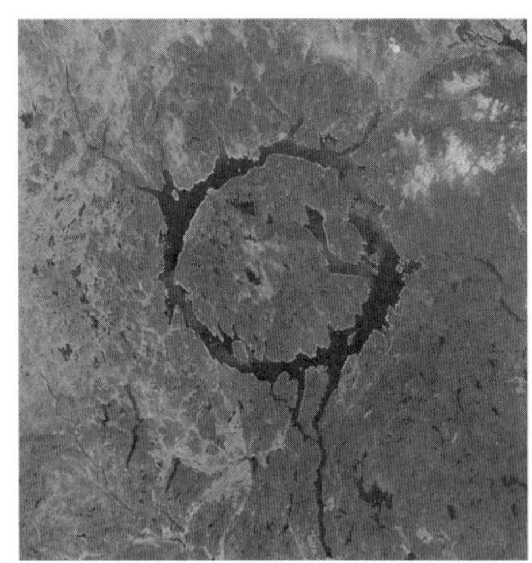

写真　カナダにある直径100kmの巨大クレーター跡
出典）NASA Earth Observatory

一方、人工衛星は8千機以上が周回していたが、回収されたものや高度が下がって落下したものを除くと、約5千機が周回している。人工衛星同士が衝突する確率は低いが、1986年にフランスの人工衛星とアリアンロケット（欧州宇宙機関）の破片が衝突したし、2009年にはロシアの人工衛星と民間通信衛星が衝突した。人工衛星が衝突して落下しても、大気を通過するときにほとんどが燃え尽きるので、あまり問題とはならない。高度約80km付近で、3千度以上の摩擦熱で燃えるのである。

ロケットの機体やモータなど、人工衛星以外のものも含めて、地球の周りを回り続けているスペースデブリ（宇宙ごみ）は直径10cm以上のもので2万個以上あり、2018年や2019年に米国の人工衛星に衝突して通信が途絶する被害が発生したが、地上レーダで監視されているので、大きなものでも問題は少ない。日本ではJAXAと民間企業は共同で、宇宙空間を飛ぶ人工衛星の残骸などを除去するためのデブリの撮影・調査を行う衛星を2022年度に、大型デブリを除去する衛星を2025年度以降に打ち上げる計画である。

コラム 認知症 / リスク分類 ④

認知症患者は全国に460万人以上（東京都、神奈川県が多い<巻末の参考>）いるが、65才以上の高齢者では7人に1人が認知症である。原因の2/3がアルツハイマー型で、加齢に伴い分解されなくなったアミロイドβたんぱくが神経細胞を殺傷し、脳を委縮させるものである。最初はもの忘れから始まり、理解力低下、精神的混乱、行方不明（徘徊）などと進行していく。行方不明者8.7万人のうち、認知症の人が1.7万人（大阪府、埼玉県、兵庫県が多い）いて、うち3%の人は死亡が確認されている。行方不明対策はGPS発信機を装着するか、服のポケットに（住所、連絡先を書いた）個人カードを入れておくことである。

認知症の防止は難しいが、野菜（ビタミンC・E、βカロチン）*や魚（DHA、EPA）を食べる、有酸素運動をする、文章を書いたり、ゲームをする、起床後太陽の光を浴びることなどを継続的に行い、脳の状態を良好に保つと、認知症になりにくくなる。

＊ 栄養素が多い野菜：ビタミンC（ピーマン、パセリ、ブロッコリー）、ビタミンE（とうがらし、枝豆、落花生）、βカロチン（しそ、モロヘイヤ、にんじん）

コラム クレジット詐欺 / リスク分類 ③

特殊詐欺により、電話でだまされて、クレジットカードを取られることがあるが、お店などでクレジットカード情報を盗まれて不正利用されることにも注意する。店員がスマートフォンでカードを撮影したり、番号を音読してボイスレコーダーに録音する手口がある。最近は利用者が気付かないよう、お金を少額づつ長い期間にわたって引き出されるケースもある。

対策としては、店員が目の前でカードを扱うように言ったり、インターネットでカード利用状況をまめに確認する必要がある。

最近インターネット*1上で、クレジットカード番号やアカウント情報などの重要な情報を窃取（せっしゅ）し、本人になりすまして、不正な取引を行うフィッシング詐欺*2が発生している。対策としては、個人情報の入力を促すメールに注意し、URLが正しいかどうか確認する。また、ウイルス対策ソフトを導入する。

＊1 インターネット上のトラブルのうち、社会的に影響の大きな脅威は、1）スマホ決済の不正利用、2）フィッシングによる個人情報の詐取、3）クレジットカード情報の不正利用、4）ネットバンキングの不正利用であった：情報処理推進機構の調査結果

＊2 フィッシング詐欺とはインターネットのユーザーから情報（パスワード、クレジットカード情報）を奪う詐欺行為である

コラム　静電気／リスク分類④

静電気は湿度が高いと水分を通して逃げるが、冬は乾燥しているため、起きやすい。湿度が20％以下、気温が20度以下の条件で起きやすい。健康な人は自然放電しやすく（電気がたまりにくく）、静電気が起きにくいが、静電気が起きやすい人は、肩こり、関節痛、頭痛、冷え症などの症状が出やすい。これは一説には静電気で体内がプラスになり、血液中のマイナスイオンが不足し、血液がドロドロ状態になり、不調につながるからであると言われている。

静電気防止グッズには効率よく放電させるバンド、ストラップ、スプレーなどがあり、触れるだけで静電気を逃がす効果があるし、ドアノブを触る前に、壁を触っても静電気防止になる。

重ね着するとき、プラスに帯電するウールやナイロンと、マイナスに帯電するアクリルや塩化ビニールの服をあわせないようにする。

＊ 静電気を利用したものにコピー機がある。感光ドラムに光を当て、色をつけたい部分をプラスに帯電させ、これにマイナスに帯電したトナーを付着させる技術である。静電気は水や牛乳の殺菌技術としても使われている。

リスクの発生時

● リスク分類 ●

① 気象リスク

：水害（氾濫、土砂災害、高潮）、雷、強風、雪崩、熱中症

② 災害リスク

：地震（地震、津波、複合災害）、火山（火砕流、溶岩流、噴石）

③ 社会リスク

：交通・飛行機事故、犯罪（誘拐、強盗、空き巣）、火災、化学物質、危険生物、SNS 犯罪、食中毒

④ 生活リスク

：溺死、認知症、不慮の事故

災害発生直前の情報収集

リスク分類▶①②

防災行政無線だけでなく、ネット情報や防災ラジオも有効である。警戒レベルに応じた避難対応を行うようにする。

テレビ、ラジオ、インターネットで気象・災害情報を収集する。インターネットでは国土交通省「川の防災情報」や気象庁「防災情報」、NHKのニュース・防災アプリなどから入手する。洪水状況をカメラのライブ映像で見れるサイトもある。緊急速報メールや広報車からの情報も有効である。

他の防災アプリには、気象庁の警報や台風情報を受信でき、最寄りの避難所を表示する「goo防災アプリ」(NTTレゾナントが開発)や、近くの避難所までの経路を示す「全国避難所ガイド」(ファーストメディアが開発)などがあるので、活用する。

市町村の防災行政無線の情報も重要であるが、台風や豪雨時は雨音や雨戸を閉めていて、聞こえない場合があるので、携帯電話やスマートフォンへ配信(地域防災コミュニケーションネットワーク)したり、電話により自動音声応答装置(録音)で確認できるサービスを利用する。

市販されている防災ラジオ(2 000～5 000円)も有効で、ラジオを聴いているとき、Jアラート(全国瞬時警報システム)や防災行政無線、緊急警報信号が流れると、あらかじめ設定した放送局へ自動的に切り替わり、放送を受信できる。電源スイッチを切っていても、自動的に起動して放送を受信する。防犯アラームやSOSサイレンがついた多機能防災ラジオもある。スマートフォンは緊急速報*1を受信できるよう、設定しておく必要がある。

従来は大雨警報や土砂災害警戒情報*2などに基づいて、避難行動をとっていたが、平成30年の西日本水害を教訓に、平成31年からは危険度が直感的にわかりやすい警戒レベルに応じて、避難行動をとることが求められた。

警戒レベル3では高齢者等は避難を行い、その他の人は避難準備を行う。警戒レベル4では全員が避難を行う必要がある危険度である(**図**)。市区町村からは警戒レベル4でも避難指示が発令されない場合があるが、避難指示を待っていたら、逃げ遅れる場合があるので、自分が危険（が切迫している）と思ったら、素早く避難する。なお、令和３年の梅雨期からは警戒レベル４の避難勧告と指示を区別せずに、避難指示に一本化される予定である。

水害が発生する目安は時間 40 mm かつ総雨量 200 mm 以上である。地域差を考えると、日雨量が年間降水量の１割以上になると、水害が発生する確率が高くなる。すなわち、北海道や東北地方などの雨が少ない地域では、少ない雨量で水害が発生する可能性がある。

近所の町内会長、自主防災組織、近所の人などの口コミ情報も重要である。水

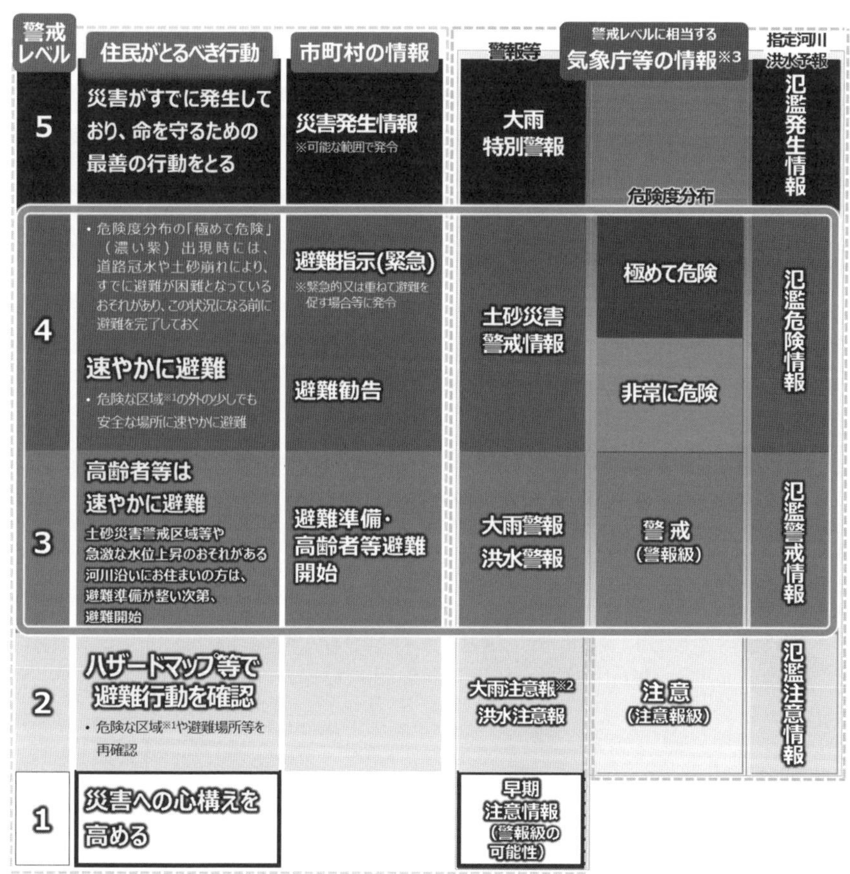

図　警戒レベルと避難行動

出典）気象庁ホームページ（https://www.jma.go.jp/jma/kishou/know/bosai/images/alertlevel202006_u_high.png）

防団などにより、危険を知らせる半鐘が鳴らされる場合もある。また、ツイッターやインスタグラム情報（越水、破堤、氾濫など）は正確な情報かどうかの精査は必要であるが、一応参考情報として、利用するのが得策である。

家から川の様子を見るのは良いが、洪水状況を知るために、川へ行ったり、水田の見回りはけっして行わない。足元がぬかるんでいるので、転落するなどして危険であるし、小さな水路も高速で水が流れるので、危険である。また、がけや斜面の様子を見るために、がけや斜面に近寄ってはならない。

なお、気象庁ホームページの防災気象情報（天気予報、地震情報、津波警報など）は、これまで11か国語で提供されていたが、令和2年4月より14か国語で提供されることとなった。対象言語は主要言語以外では、タガログ語、ネパール語、クメール語、ビルマ語、モンゴル語などである。

上記した以外の災害に関する情報収集は以下の項目を参照されたい。

- ・土砂災害→「土砂災害リスク」項参照
- ・火山噴火→「火山が噴火したときの対応」項参照
- ・雷 災 害→「雷が鳴り始めたら」項参照
- ・竜巻災害→「竜巻リスク」項参照

＊1 緊急速報は最大震度5弱以上の地震で震度4以上が予想される地域、避難勧告・指示が発信された地域、弾道ミサイル攻撃などの際のJアラート、1m以上の津波発生が予想された地域、特別警報（大雨、大雪、噴火）が発表された地域に送信される

＊2 土砂災害警戒情報は大雨警報が出された後に出される。土壌雨量指数と60分間積算雨量のグラフで、過去の土砂災害発生時の雨量データをもとにした発表基準線を2時間後に超えると予測されたときに発表される

＜参考＞

1) 末次忠司・長井俊樹：減災のための避難行動～岡山・小田川水害を事例として～、水利科学、No.366、pp.101 ～ 104、日本治山治水協会、2019

洪水・氾濫水の挙動

リスク分類▶①

小河川や都市河川は洪水発生や水位上昇が速く、急勾配流域（谷底平野、扇状地）では氾濫流速や流体力が大きくなるので、注意する。

小河川ほど、洪水の発生が速い（大河川の洪水がニュースになっているときには小河川ではすでに氾濫している場合がある）。流域面積の大きな大河川では降雨ピーク～洪水ピークの時差が長くなる傾向がある。千曲川（長野市）では時差が約半日あり、東日本台風（台風19号：令和元年10月）では雨がやんだので、避難所から自宅へ戻って被災した人がいた。阿武隈川でも同様の時差が見られた。

洪水位の上昇速度は国管理の河川（1級河川の本川など）では速くて3～4m/hであるが、県管理の都市河川では1時間に10m以上上昇する場合がある。例えば、洪水位上昇速度が10m/hで、水面から堤防までの高さが5mの場合、およそ30分後に洪水が越水する危険性がある。越水してから破堤するまでの時間は40分以内が約4割ある一方、2時間以上も約2割ある。

氾濫水が到達するスピードは勾配の大きな扇状地（地盤勾配の目安は1/300以上）では時速3～5km以上と速いが、それ以外の**沖積平野**などでは**時速1km**程度である（**図**）。昭和22年9月のカスリーン台風で破堤した利根川の氾濫流は時速820m（勾配の緩い都内は時速230m）で流下し、4～5日後に東京湾に達した（**図**）。障害物が少ない道路は更に速く伝播する。したがって、居住している地域の地形*について知っておく必要がある。

また、氾濫水の上昇速度は10～20cm/10分である。下水道からの内水氾濫でも、この程度の上昇速度になる場合がある。しかし、新潟・刈谷田川の破堤氾濫解析結果によると、破堤箇所近く（300m以内）では、もっと速く上昇し、まず氾濫水の到達直後に一気に30～70cm上昇し、その後20～40cm/10分の速度で上昇する。したがって、氾濫水到達後20分で70～150cm（床上で腰の高さ）の浸水深となるし、到達後速くて1時間で、1階の天井（3m）に達するおそれがある。

道路盛土などがあり、氾濫水がそれと直角方向に流れてくると、上流側で浸水深が上昇する。それ以上に浸水深や浸水継続時間に影響する地形に閉鎖性流域がある。堤防・道路・鉄道の盛土や丘陵に囲まれた所は水の流れが悪く、浸水深が高くなりやすい。また、水が貯まりやすい地形のため、浸水が長く続く傾向がある。

地形で見ると、山間地の**谷底平野が氾濫に対して最も危険**な状況となる。谷底平野は山に囲まれた狭い地形のため、氾濫水の行き場が限定されて浸水深が高く、流速も速くなるので、流体力（流速^2 ×浸水深）が大きく、建物を流失させるような氾濫となる*。他の地形でも破堤箇所の近くなどでは、流体力が 10 m^3/s^2 以上になると、建物が損壊・流失する可能性がある。谷底平野の島根・三隅川（昭和 58 年 7 月）では 5 ～ 30 m^3/s^2、栃木の那珂川支川余笹川（よささがわ）（平成 10 年 8 月）では 3.4 ～ 31.4 m^3/s^2 の流体力の氾濫流で家屋が損壊した（**写真**）。

* 地形は山から海に向かって、谷底平野、扇状地、氾濫平野、三角州で構成され、この順で流体力は減少する。ただし、中部山岳地帯から流下する河川流域は土砂生産量が多く、急勾配（海底勾配も）のため、扇状地のまま海に突入する臨海性扇状地が形成される：安倍川、大井川、富士川、黒部川など

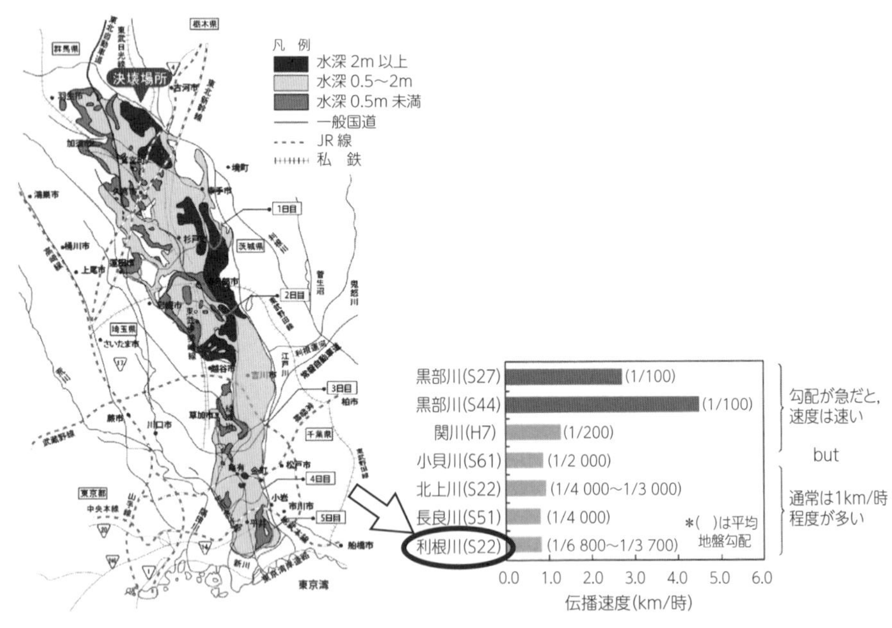

図　氾濫水の拡がり方（利根川氾濫＜昭和 22 年＞
出典）関東地方整備局ホームページ（https://www.ktr.mlit.go.jp/ktr_content/content/000669742.pdf）

図　氾濫流の伝播速度
出典）末次：これからの都市水害対応ハンドブック、p.102、山海堂、2007

写真　島根県・三隅川（谷底平野）の氾濫状況（昭和 58 年）
出典）島根県ホームページ：ダムのあゆみ
(https://www.pref.shimane.lg.jp/infra/river/dam/ayumi/)

リスク発生時

<参考>

1) 末次忠司：河川の減災マニュアル、pp.26 ～ 27、pp.214 ～ 215、技報堂出版、2009
2) 川口広司・末次忠司・福留康智：2004 年 7 月新潟県刈谷田川洪水・破堤氾濫流に関する研究、水工学論文集、第 49 巻、pp.577 ～ 582、土木学会、2005

家のまわりの浸水

リスク分類▶①

土のうやタオルを使うと浸水の流入を減らせるし、窓ガラスをガムテープで目張りすると、水圧に対して割れにくくなる。

ブロック塀に囲まれた家では、出入口に土のうを積めば、浸水の流入を防ぐことができる。ブルーシートを土のうの前面に敷けば、防水性が更に高まる（**図**）。土のうに入れる土の入手が困難な都市部では、水を吸収して膨らむ軽量の吸水性土のう*もあるので活用する。

家のまわりの浸水に比べて、室内の浸水上昇は遅い。この水位差が大きいと、大きな水圧がかかることとなり、**窓ガラス**などが割れる場合があるので、**ガムテープで目張り**をする（**図**）。また、ドアやサッシなどのすき間にタオルを詰めれば、ある程度の浸水の流入を防止できる。水圧などでガラスが割れても、被害が少なくなるように、飛散防止フィルムを貼っておく。

窓ガラスにどれくらいの水圧がかかるかというと、家の周囲の浸水深が1mで、室内に浸水がない場合、幅1mの窓ガラスには0.5トン（500kg）の水圧が作用する。すなわち、力士2人が全身で外から窓ガラスを押しているぐらいの力である。

室内と屋外の水位差が大きくなると、トイレや風呂場の排水口などから汚水などが逆流する場合がある。対策としては、例えばトイレでは排水口にタオルを詰め、重しとしてブロックなどを置くと、逆流を防止することができる。重しがない場合は、ゴミ袋を二重にして、中に水を入れて、トイレの便器の上に置くようにする。

浸水位が高くなって、床上に浸水が来たら、家の中の高い場所を探す。机やテーブル（水深が高くなると浮き出す）に乗れば、ある程度の浸水には耐えられる。家電製品は水に弱いので、高い場所に移動させる。ただし、家財の移動に時間をとられて、避難のタイミングを逸しないようにする。

平屋で浸水が床上1m以上になったり、2階で浸水が床上1m以上になったら、家から脱出することを考える。カーテンなどをつないでロープ代わりとする（「生存・救出に必要なこと」の項参照）。浮袋や大きめの発泡スチロールが浮き具となるが、なければ空のペットボトルのフタを閉めて、服の下に10本（お腹に5本、背中に5本：子供は8本で良い）入れれば、浸水中で浮くことができる。

家の周囲の氾濫水の流れが速い場合は、屋根の上に上がって救助を待つ。窓やベランダから屋根へ上がれない場合は、注意しながら、天井を破って、屋根の上に上がるようにする。

＊ 吸水性土のうは高吸水剤ポリマー（紙オムツに使われている）で水を吸収して膨らむ。3分程度で土のうとなる。使用後は処理剤で脱水処理もできる

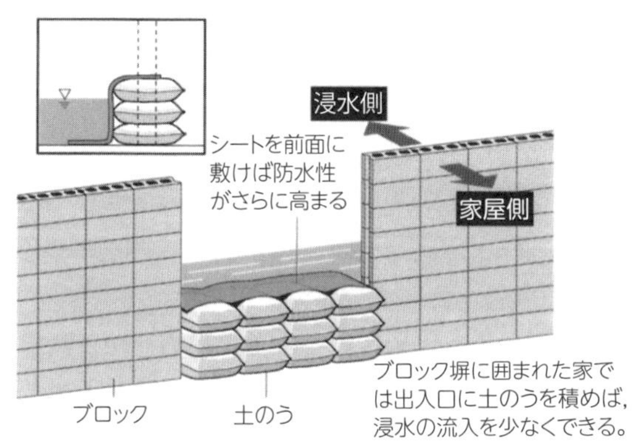
浸水側
シートを前面に
敷けば防水性
がさらに高まる
家屋側
ブロック塀に囲まれた家で
は出入口に土のうを積めば,
浸水の流入を少なくできる。
ブロック
土のう

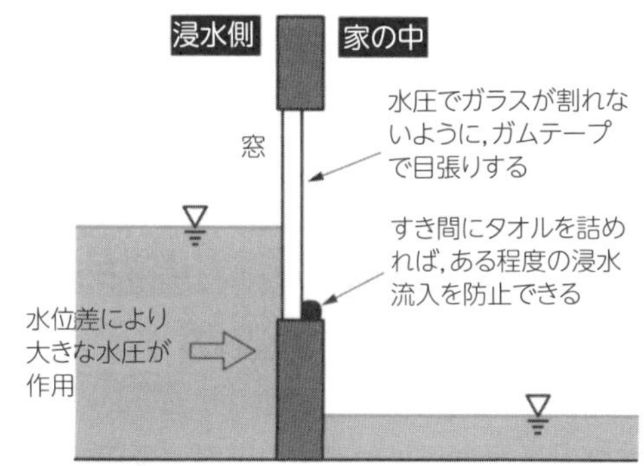
浸水側
家の中
窓
水圧でガラスが割れな
いように,ガムテープ
で目張りする
すき間にタオルを詰め
れば,ある程度の浸水
流入を防止できる
水位差により
大きな水圧が
作用

図　家の周囲の浸水対策

出典）末次：これからの都市水害対応ハンドブック、p.29、山海堂、2007

<参考>

1) 末次忠司：これからの都市水害対応ハンドブック、pp.28～29、山海堂、2007

浸水した車からの脱出

リスク分類▶①

アンダーパスなどの浸水中の車から脱出するには、ヘッドレストの金属部分を窓ガラスとドアの隙間に入れ、勢いよく手前に倒すとガラスが割れ、脱出できる。浸水深が低い時は車内の水深が高くなるまで待ってからドアを開ける方法もある。

鉄道下などのアンダーパスの浸水に、車で突入して死亡する事故がある。平成17年8月にさいたま市岩槻(いわつき)区で40mm/hを超える降雨となって、アンダーパスが湛水し、トラックに乗った男性が水死した。男性は茨城県つくば市在住で、地域のアンダーパスの危険性を知らずに車で湛水中に進入したと考えられている。また、平成20年8月に栃木県鹿沼(かぬま)市のアンダーパスで軽自動車に乗った女性が犠牲となった。当時時間85mmという豪雨が発生して、アンダーパス内は1.95mの浸水となっていて、非常に危険な状態であった。

アンダーパスで車が浸水に突入した場合、水圧でドアを開けられなかったり、電気トラブルで窓を開けられずに、閉じ込められる場合がある。脱出する方法は窓ガラスを割る方法と、車内の水深が上がって、車外との水圧差が小さくなり、ドアを開けて出る方法の2通りがある。

窓ガラスはハンマーや金属でもなかなか割ることはできない。緊急脱出用ハンマー（**写真**）も市販されていて、強化ガラスは割れるが、ガラスを2枚接着した「合わせガラス」は割れない。ハンマーがない場合はヘッドレストを利用する。**ヘッドレストの金属部分を窓ガラスとドアの隙間（丸印の部分）に入れ**、てこの原理で勢いよく手前に倒すとガラスを割ることができ、脱出できる（**写真**）。水圧差が小さくなるのを待つ方法では、車外の水深がそれほど高くない場合は良いが、車内での自分の肩の高さより高い場合は、ガラスを割る方法を採用する。

なぜ、浸水したアンダーパスに進入するのかと思うかもしれないが、豪雨時は雨で前が見えにくく、また浸水していても通過できると思い、進入してしまうのである。危険なアンダーパス情報は都道府県や市区町村のホームページに掲載されているので、事前に見ておく。排水ポンプが設置されているアンダーパスもある。

＊ アンダーパスは周辺より少し低いと思っていても、実際はもっと低い場合があり、相当の浸水深になるので注意する。排水用のポンプが設置されたアンダーパスの低い箇所には金属製のグレーチング（フタ）が設置されている

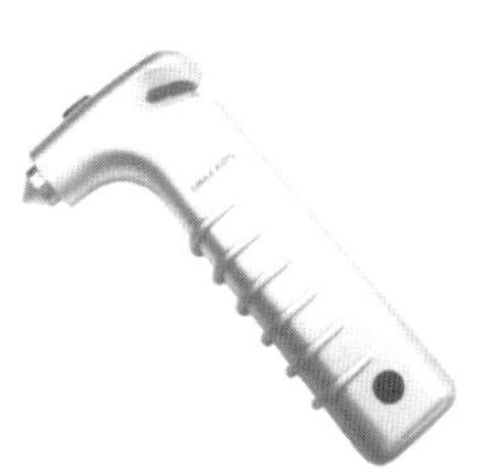

写真　緊急脱出用ハンマー（左）とヘッドレスト（中）

<参考>

1）　末次忠司：水害に役立つ減災術、pp.140 ～ 141、技報堂出版、2011

さまざまな状況下での浸水発生

リスク分類▶①

路上ではマンホールや水路に気を付け、地下では水の流れと流下物に注意する。

浸水が発生する雨量の目安は小水害が時間 40 mm、**中水害**が時間 80 mm、または**時間 40 mm かつ総雨量 200 mm 以上**である（**図**）。地域差を考えると、日雨量が年間降水量の 1 割を超えると、水害が発生する確率が高くなる。また、地下水害（地下鉄、地下街）が発生するのは時間 70 mm 以上（記録的短時間大雨情報の最低値相当）が多い（「地下施設の水害」の項参照）。なお、記録的短時間大雨情報は時間 80 ～ 120 mm 以上の大雨発生後に発表される。

- 路上での浸水：道路と水路の間にガードレールがない場合、浸水時は境界がわからないので、**水路**に転落する危険性がある、また**マンホール**のフタがあいている場合もある。これらに対して、**探り棒（カサでも良い）で足元を確認**しながら歩くようにする。山地や谷底平野では土石や土砂を伴う氾濫もあるので、注意する
- 地下鉄での浸水：駅のホームから地上へ上がる際、流れで転倒しないよう、浸水の流れに逆らわない方向の階段*を目指す（地下街でも同じ）。駅の階段で水が流入しているときは、流れが速いので流されないよう、手すりにしっかりつかまる（地下街でも同じ）。乗車中に浸水で電車が止まったら、あわてて電車を降りずに、係員の指示を待つ（駅の間隔は 0.9 ～ 1.2 km（平均 1.1 km））。地下鉄では線路の横に高圧電流（600 V）が流れている場合があり、危険である
- 地下街での浸水：地下街では浸水と一緒に、商品ワゴンや棚、テーブルなどが流れてくることがあり危険なので、店内に避難させてもらうか、通路ではなるべく端を歩くようにする。天井から浸水が落ちてきて、商品被害が発生することもある
- 地下室での浸水：地下室は狭いため、浸水の上昇が非常に速い。浸水深が 1 m になるのに、床面積が $20\,m^2$ で 8 分、$50\,m^2$ でも 12 分と短い（**図**）ので、

すぐ避難を開始する必要がある。事前対策として、階段（水圧でドアを開けられない場合がある）の他に非常用はしごを用意しておく。

＊ 地上への階段は、地下鉄（東京メトロ）では40～100m（長くて300m）おき、八重洲地下街では40～80mおきに設置されている。平均到達距離はこの間隔の半分程度である。地下鉄の場合、駅の両端にしか階段がない場合がある

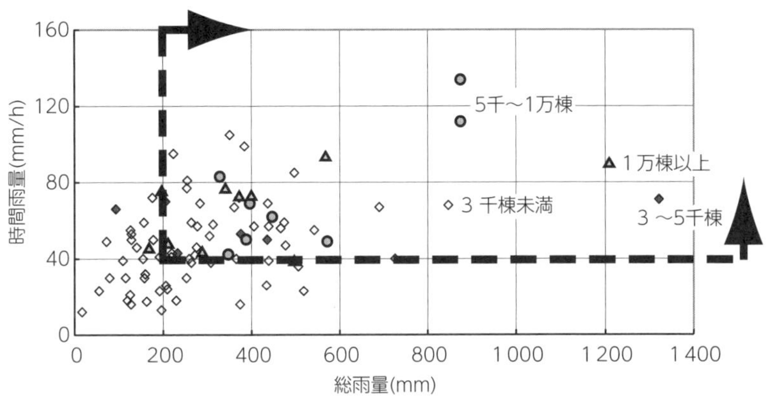

図　総雨量・時間雨量と浸水棟数

出典）末次：河川技術ハンドブック、p.86、鹿島出版会、2010

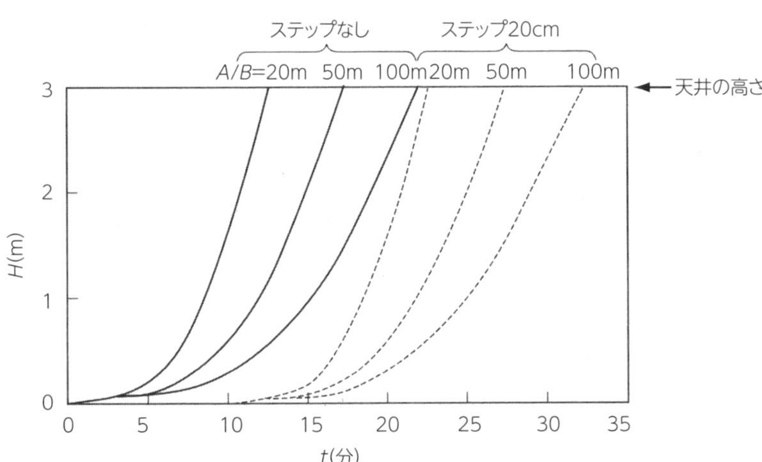

図　地下室における浸水深の上昇

注）図中のA、Bは地下室の床面積、階段の幅を表し、ステップとは地上出入口の段差である

出典）末次：都市型地下水害の実態と対策、雨水技術資料、第37号、p.16、2000

<参考>

1）末次忠司：水害に役立つ減災術、pp.85～90、技報堂出版、2011

2）末次忠司：河川技術ハンドブック－総合河川学から見た治水・環境、pp.85～86、鹿島出版会、2010

雷が鳴り始めたら

リスク分類▶①

雷が近づいてきたら、建物や車の中に入るが、近くになかったら、つま先立ちで地面からかかとを浮かして、しゃがむ。

雷注意報が出されると、激しさが活動度（1～4:4が最も激しい）で示される。家や車の中は雷に対して安全である。家の中は比較的安全であるが、雷が発生した周辺に大きな電圧や電流が発生する雷サージには注意する。雷サージに伴い、ケーブルを通じて家電製品などに電流が流れ、故障することがあるので、コンセントから抜くか、雷サージ対応タップ（落雷の影響が機器に達する前に吸収）を使う。

また、車に落雷したとしても、車の表面を伝って（車の内部には流れない）、タイヤを通じて地面にアースするので、安全である。ただし、窓を閉めておかないと車内へ雷が流れ出てくることがあるし、ハンドルや窓には手を触れないようにする。

建物や車の外にいるときは、雷が鳴ったら木の頂上から45度の内側で、木から4m以上離れた場所（5m以下の背の低い木は危ない）に移動する（**図**）。人間は木よりも雷の電気を通しやすいので、木から飛び移ってくることがある。周囲に何もない場所では、低い姿勢で雷が通りすぎるのを待つ。寝そべるのではなく、両足の間隔を狭くしてしゃがみ、**つま先立ちで、かかとを浮かして**（接地面積を小さく）、両手で耳をふさぐ。身長や姿勢が高いだけでも、雷に狙われて危険な場合がある。

Yahoo! 天気・災害では、1時間前までの雷と、1時間先の雷の予測情報をマップ上に提供しているので、対策や対応の参考とする。また、ウェザーニューズの雷Ch.は、雷を24時間監視する雷情報専門サイトで、過去2時間の落雷状況、また1日前までの雷の移動ルートを確認することができる。雷雨の移動速度は時速5～40km程度で、遅い車の速度である。単一の雷雨（セル：直径4～10km）の速度は速いが、多重セルは遅い。

秒速約330mの音速に対して、光の速度（秒速約30万km）は約百万倍で圧倒的に速い。したがって、例えば雷が光ってから雷鳴がするまでの時間が3秒であれば、雷は約1km離れた場所にあることがわかる。すなわち、ゴロゴロと不気味な音がしている時点では、すでに雷は落ちているので、大きな音がしても、もう安心ということになる。

金属を身に着けていると雷に対して危険であるとよく言われるが、落雷の静電気は金属製品も木製品もゴム製品も流れるので、金属がとくに危険な訳ではない。逆に金属があると電流がそちらに流れ、火傷はするが人体を流れる電流が減り、生存率は高くなる場合もある。

落雷による被害例としては、以下の例がある。木の近くや船上で落雷を受けた場合と、直接雷を受けた場合があり、雷により死亡している。

表　落雷による被害の概要

発生年月	場 所	被害の概要
平成24年8月	大阪府	樹木に落雷し、木の下で雨宿りをしていた女性2名が死亡
平成24年8月	槍ヶ岳	長野・岐阜県境を登山中に落雷し、男性1名が死亡
平成24年10月	愛媛県	海上で真珠の養殖作業中に落雷し、男性1名が死亡
平成25年7月	東京都	荒川の河川敷で樹木に落雷し、木の下で雨宿りをしていた男性3名のうち、1名が死亡、2名が負傷
平成26年6月	青森県	沖合3kmで操業中の漁船に落雷し、男性1名が死亡
平成26年8月	愛知県	野球の試合中に落雷があり、マウンド上の男子高校生が被雷して死亡

雷雨に伴う水害としては、平成20年8月に東京都豊島区雑司ヶ谷(ぞうしがや)の下水道工事（老朽化に対する管内面被覆作業）中に、雷雨（57.5mm/h：レーダで100mm/h以上*）が発生し、下水道内の作業員6人が流され、うち5人が死亡した事故があった。雷注意報が出てから、あまり時間がたたないうちの事故であった。事故後、東京都は携帯電話から気象情報を自動受信できる態勢をとった。

＊ 局所的な豪雨は、観測所の雨量計では把握できない場合がある

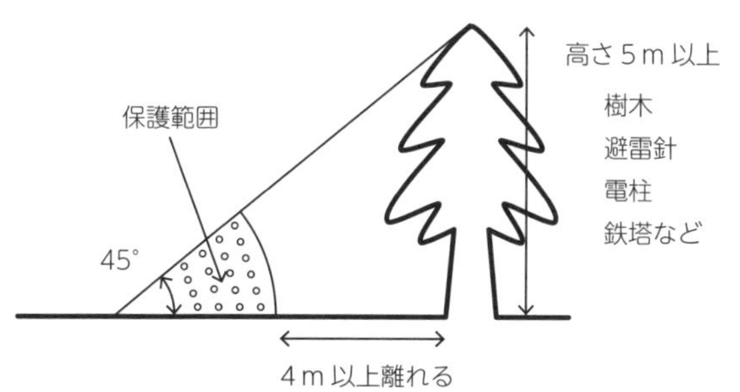

図　木などのそばでの避難域

災害時の避難

リスク分類▶①②

避難時には電気のブレーカー、ガスの元栓を閉めてから、災害にあわない避難路や避難所を目指す。車で避難するときはかなり早期に出発する。

洪水災害に対しては、警戒レベル3で高齢者等は避難（他の人は避難準備）、警戒レベル4で全員避難する。警戒レベルが発表されなくても、危険を感じたら、避難行動をとる。ただし、浸水深が50cm以上や深夜で避難が危険な場合は、2階以上に垂直避難するか、近くの知人・親戚宅に避難する。夜中や深夜に豪雨や洪水が予想される場合は、明るい時間帯での早めの避難（**予防的避難**）を心がけるようにする。

避難所への非常用持ち出し品を用意していない場合、必要最低限のもの*をそろえる。避難所へ行く前に、戸締まりをするとともに、（通電火災などが発生しないよう）電気のブレーカーやガスの元栓を閉めておく。避難の際、家族に「○○へ避難します」、「△△にいます」などと書いた貼り紙をしないようにする。泥棒に留守であることが分かって、盗みに入られるおそれがある。

最寄りの避難所へ行くが、災害で被災しにくい避難所へ行く（浸水する避難所や土砂災害にあう避難所もある）。避難路は通り慣れた道路ではなく、多少時間を要しても、災害に遭遇しない道路（浸水深が高くない道路、土砂災害に遭遇しない道路）を選んで避難する。

浸水中を避難するときは運動靴またはスニーカー（長靴は中に水が入ると歩きにくい）を履き、流されないように複数の人がロープで連絡して、足元を探り棒で確認（水路やマンホール）しながら避難する。高齢者ははしごに乗せて、乳幼児はベビーバスに乗せて避難させる。高齢者をおぶって避難する人がいるが、転倒する危険がある。

車で避難するのが良いかどうかであるが、高齢者や体の不自由な人などがいると、徒歩で避難するのが大変なので、車による避難についても考える。避難途中の道路が崩落したり、斜面崩壊が起きていないかどうかを確かめながら、避難する。ただし、かなり早期に避難を開始しないと、東日本大震災（平成23年3月）

のときのように、途中で渋滞に巻き込まれたり、浸水して被災する危険性がある。

広域避難は事前に自治体や地区で作成した避難計画に従って他地区（避難先の自治体等と協定締結しておくことが望ましい）へ避難するものである。かなり早い段階で一同に被災していない（被災しにくい）地区へバスなどで避難するが、避難先が想定通りの状況であるかどうかを確認して実行する必要があるし、避難路も状況に応じて柔軟に考える。

台風19号（令和元年10月）の際、埼玉県加須（かぞ）市では市外に8 500人が避難できた。これは市外の広域避難所を栃木県、茨城県、群馬県（計15箇所）に指定した他、遠距離輸送手段としてバス会社と協定を締結していたため、広域避難がうまくいった事例であるが、他にうまくいかなかった事例もある。

＊ 日常生活に必要な物に加えて、携帯電話、充電器、クスリ、眼鏡、現金（小銭）などを持って行く

＜参考＞

1） 建設省河川局：全国の洪水被災者の体験談 '80 ～ '90　大水のはなし、日本河川協会、1991

2） 末次忠司：これからの都市水害対応ハンドブック、pp.17 ～ 21、山海堂、2007

生存・救出に必要なこと

リスク分類▶①②③

生存のためには呼吸ができ、安全な所へ移動するが、脱出のためのロープ（カーテンで代用も）も重要となる。救出者には音が出る物や目立つタオルなどで合図する。

・共通対策1：浸水や火事などで家などの2階以上から脱出するには、ロープを用いる。ロープがないときはカーテンやシーツを結んで脱出用ロープを作る。ロープを棒につなぐときは「二回り二結び（**図**）」、人や木に結びつけるときは「もやい結び（**図**）」、太さが異なるロープをつなげるときは「二重（ふたえ）つなぎ（または二重つぎ）」を用いる

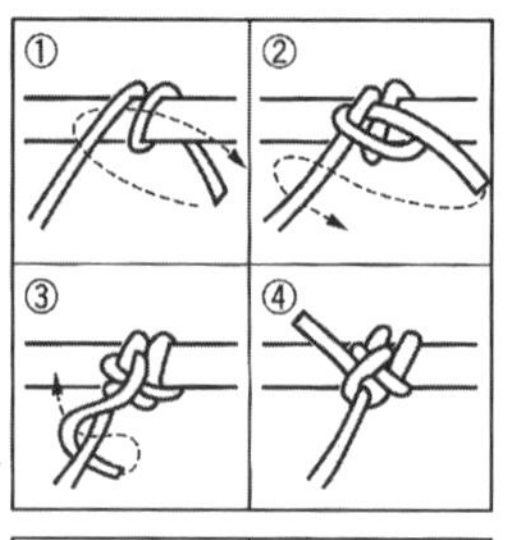

二回り二結び

ロープの端や途中に物につなぎ止めるのに用いる。

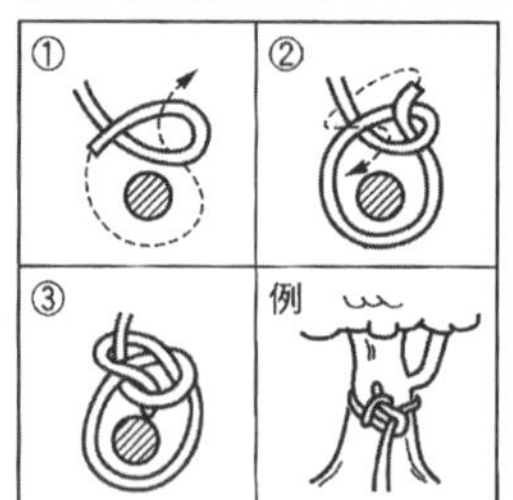

もやい結び

人や木などに結ぶときに用いる。ロープの太さに関係なく結びやすく、かつ、ときやすい結び方である。

図　ロープのつなぎ方

出典）末次：これからの都市水害対応ハンドブック、p.32、山海堂、2007

・共通対策2：災害現場でヘリコプターは救助に有効である。鬼怒川水害（平成27年9月）では38台のヘリコプター（自衛隊、消防、警察、海上保安庁など）により1 500人以上を救助した。東日本大震災ではヘリコプターが多数（最大

300台/日）集結したため、効率的な活動が行えなかった。そこで、JAXA（航空部門）のD-NET（災害救援航空機情報共有ネットワーク）に対応した消防庁の集中管理型消防防災ヘリコプター動態管理システム（平成26年より運用）を用いて、多数のヘリコプターの安全で効率的な運用が鬼怒川水害で初めて行われた。本システムでは機体の位置確認や軌跡表示等を行うことができる

・共通対策3：大きな建物の屋上や山中で救助を待つ場合は、ヘリコプターなどの救助隊に気付いてもらえるように、土のうや木などでSOSなどの文字を作って、助けを求める。詳細な屋外でのSOSの出し方は、コラム「山で遭難しそうになったら」を参照する

・共通対策4：地震の被災者や溺れた人を救出したら、**大出血→意識→脈→傷の順番で処置**する。意識がない人には人工呼吸を行い、脈が弱い人には人工呼吸と心臓マッサージを行う。人工呼吸のうち、マウス・トゥー・マウスは鼻をつまんで2回息を吹き込んだ後、成人で息を1.5～2秒間（1回/5秒）吹き込む。心臓マッサージは成人の場合、1分間に80～100回、両手で3.5～5cm押し下げる（かなり勢いよく押す）。小児の場合は同じ回数で、片手で2.5～3.5cm押し下げる

・地震：家や家具が倒壊して、圧迫された状態で助けを求める場合、大声を出すと体力やエネルギーを消耗するので、近くにある音を出す物（金属製の物を金属製の物にぶつけるなど）を使って、救出者・捜索者に存在を知らせる

・水害：救助ボートは静かに通り過ぎるので、「救助求む」と書いた大きめの布や紙を窓にはっておく。ヘリコプターに救助を求める場合、ベランダや屋上で目立つ色のタオルを大きく振って、助けを求める。救出時に救命胴衣があれば着用する（津波で着用すると危険な場合がある）

・土砂災害：雨戸を閉めて、斜面から離れた部屋（できれば2階以上）で就寝する。土砂崩れにあって、土砂に埋もれてしまったときは、口のまわりの土砂や物を動かして、呼吸できるよう空気をとるための空間を作る

・火山災害：富士山では昭和55年8月に山頂付近の落石により、吉田ルート（山梨県側）で12人がなくなった。火山では噴石や落石の直撃を受けないよう、最寄りのシェルターに避難する。シェルターがない場合、頑丈な建物や岩かげに隠れ、カバンなどで頭を覆う。ヘルメットがあれば着用し、火山灰対策にはサングラスやゴーグルが良い。ハードのコンタクトレンズをしている人は、火山灰が目に入ると痛いので、なるべくはずしておく

・火災：煙による被害（一酸化炭素中毒）を受けないよう、大きなポリ袋をふくらませて、頭を入れて避難する。ハンカチを口にあてると、すすは防げるが、一酸化炭素は防げない。炎などで逃げ場がない場合や非常口が開かない場合は、2階から布団を投げ降ろしたり、草むらなどに飛び降りることも考える
・雪崩：雪崩に巻き込まれた人の救出は15分を境にして生存率が減少するので、雪崩ビーコン（電波発信機・受信機）を持参して、登山する。雪崩ビーコンは中波（雪中の電波透過特性が良好）の微弱電波を使ったトランシーバーの一種で、近年はデジタル式が主流である。ビーコン信号を発することができるよう、常時雪崩ビーコンを作動させておく
・離岸流：海岸で見られる、沖に戻る強い局所流である離岸流の流速は速く（最速で秒速2m）、水泳選手でも逆らって泳げないぐらいである。ただし、横断幅が10～30mと狭い場合があり、少し横に移動する（岸と平行に泳ぐ）と、流れから逃れることができる。発生しやすい場所は、① 防波堤などの人工物が突き出している場所、② 砂浜にゴミがたまっている場所、③ 海岸線で引っ込んでいる場所などの波が集まりやすい場所である
・溺れた人を見たら：溺れた人を見たら、浮かぶのに良い物（バッグ、ビニール袋など）を投げてあげる。無理に岸へ泳ごうとせずに、背浮きする（上を向いて浮く）ように言う。そのうち川岸へ近づくことがある。危険であるが泳いでいって助ける場合、溺れている人の腕、肩、服などを背後からつかみ、上向きにして助ける（前からつかむと、抱きつかれて泳げなくなる）
・犯罪者に会ったら：ナイフを持った人に刺されそうになったら、素早く逃げる。もし、逃げられない場合は近くにある物を投げたり、カバンなどで防御する。夜道や人通りの少ない道を歩くとき（なるべく街灯のある道を歩く）は、うしろからつけてくる人がいないかを確認し、怪しい人がうしろにいたら、先に行かせる

＜参考＞

1）末次忠司：これからの都市水害対応ハンドブック、pp.30～32、pp.50～52、山海堂、2007
2）旅タロズ・ホームページ：離岸流の見つけ方や見分け方は？

ライフライン停止に対して

リスク分類▶①②

電気・ガスに代わるものがあるし、断水中でもトイレを使える方法がある。

ライフラインが停止すると、調理（食事）や入浴ができなくなり、生活が不便になるが、それ以上にその影響が連鎖的に波及することが最も注意すべき点である。おのおののライフライン停止への対応策とともに、断水・停電に対しては、役立つ機器や商品を示している。

・停電：タンクレス・トイレは停電で水を流す「電磁弁」が使えなくなり、水を流せなくなる。懐中電灯やろうそくにより明かりをとるが、ろうそくは火事に気を付ける。懐中電灯の光を明るくする方法として、ペットボトルに水と少しの牛乳を入れ、立てた懐中電灯の光の上に置くと、部屋全体がかなり明るくなる。また、缶詰の中心に穴を開け、ティッシュペーパーをひも状によって穴に入れて立てる。ティッシュペーパーに油が浸み込み、火が着くようになる

・停電（冷蔵庫・冷凍庫）：冷凍または冷蔵した物がダメにならないように、開け閉めはなるべくしない。冷凍食品の周りにすき間ができないように、保冷剤を入れる。冷蔵室の一番上の棚にも保冷剤を入れると、冷気が下へ流れる。保冷ボックスに移し替えると、移し替えの段階で融けたりするので、逆効果である

・ガス停止：カセットコンロを用いる。また、ガスが止まらなくても、停電によりガスファンヒーターが使えなかったり（ガスストーブでは使えるものがある）、（電気で動くコントロールパネルがついた浴室では）入浴できない場合がある。かまどになるベンチが置いてある公園もある

・水道停止：給水が停止してもすぐには水は止まらないので、浴槽・トイレの受水槽（8リットル以上）・バケツなどに水を貯めておく。井戸水や河川の水も使えるが、煮沸した方が良い。断水していないのに、停電によりマンション・アパートの給水ポンプが使えず、水道が停止する場合がある。災害対応自動販売機があれば、災害時に無料で飲料水を取り出せる

・下水道停止：簡易トイレとして、ポリ袋を便器にかぶせ、その中に細かく破いた新聞紙を入れ、その中に排便する。排便後はポリ袋の口を縛って捨てる。断水中でも、排水できるときはバケツ１杯の水で流すことができる

・通信停止：電線の被害（風や土砂崩れによる電柱の倒壊など）で固定電話が使えないことがある。また、基地局の被災でスマートフォンが使えないこともある。公衆電話は災害時優先電話なので、使える可能性は高い。小銭またはテレフォンカードを用意しておく必要がある

＜断水への対応＞

浄水器には小型の水浄化ピペットペン、生活緊急ストロー（**写真**）があり、水の運搬にはフレキシブル液体容器、折り畳みポリ容器などがある。また、水がなくても使えるドライシャンプー、水がなくても歯磨きできる歯磨きシート、オーラルピースもある。食器をラップフィルムで覆えば、食器を水で洗わなくて、繰り返し使うことができる。

＜停電への対応＞

部屋を照らすのにLEDランタン（**写真**）は便利だし、電池がなくても使える手回しラジオ、スマートフォンに必要なモバイルバッテリーも重要となる（スマートフォンは画面の明るさを暗くしたり、機内モードに設定しておく）。

＊ 保存食として、25年という長期間保存可能なクラッカーやシチュー、７年間有効な保存水、水で戻せる安心米（５年以上期限）、温めなくてもおいしいカレー（５年期限）などがある。クラッカーやシチューは高度なフリーズドライ加工で水分を極限まで除去し、缶に脱酸素剤を封入したもので、お湯を注いで５分、水でも10分で本格的なシチューや雑炊となる。安心米はアルファ化米（炊いたお米を急速乾燥）で、水で60分、熱湯で15分でごはん（お茶碗２杯分）ができる

写真　生活緊急ストロー（左）とLEDランタン（右）

地震が発生したときの対応

リスク分類▶②

地震が発生→玄関（部屋）でドアを開ける→火を消す→津波に注意

地震が発生したら、すぐに火を消すのではなく、まずは落下物の少ない**玄関**などで落下物から**身を守る**と同時に、出口を確保するために（ドアが開けられなくなる前に）、玄関を開けておく。トイレは柱に囲まれて安全そうだが、柱が倒れて閉じ込められるおそれがある。揺れがおさまったら、ガラス・食器などの割れ物でケガをしないよう、靴やスリッパを履いて、コンロなどの火を消す。

超高層ビル（高さ43m以上）にいたら、ビルは柔構造のため、地震では大きく揺れるので、揺れがおさまるまで、机や手すりにつかまる。東日本大震災（平成23年3月）では、大阪府の咲洲（さきしま）庁舎（大阪市住之江区）の最上階（52階）で、最大2.7mの揺れが10分間続いた。

柔構造は地震の力に対して、壁を少なくする代わりに、柱や梁を多用して変形しやすくする（地震の力を受けながす）構造で、地震には強くなるが、高さが高くなると強風の影響を受けやすいというデメリットもある。法隆寺の五重塔（奈良県斑鳩（いかるが）町）も柔構造で作られている。東京スカイツリー（東京・墨田区）も五重塔の心柱構造が設計に取り入れられている。

沿岸部では津波がないかどうかを、海の様子を見たり、テレビ等で確認する＊[1]。津波は海岸での**波高の約２倍（最高で約４倍）の高さまで遡上（図）**してきて、建物の2､3階でも被災することがあるので、津波の気配があれば、すぐに高台（近くになければ高層ビル）へ逃げる。津波は陸地より**川を遡上する速度が速い**ので、川沿いの道路や堤防を使って避難しない。東日本大震災（平成23年3月）での津波の遡上速度は、陸上で時速10～30kmで、河川では時速30～45kmと速かった。遡上距離も河川を遡上すると、陸上の約2倍遡上していた。津波は繰り返し襲来するし、第一波よりも第二波以降が大きい場合もある＊[2]。

津波がなければ底の厚い革靴を履いて外の様子を見にいく。外では落下物から頭を守るようにし、建物が倒れてきたり、建物のガラスなどが落ちてこないか注意しながら行動する。その後家族に連絡をとる。高齢者などがいて、車で避難する場合、渋滞に巻き込まれないよう、かなり早期に避難を開始する必要がある。車で移動するときは、道路の陥没や亀裂に注意する。避難時の詳細な注意事項は「災害時の避難」の項を参照する。

＊1 日本海側は海底地震により津波が発生するので、到達するまでの時間が短いことに留意する。北海道南西沖地震（平成5年7月）では、奥尻島に地震発生2～3分後に津波が到達した

＊2 2010年2月のチリ地震（マグニチュード8.8）では岩手・久慈港で第一波は0.3mだったが、最大波（第一波の2時間50分後）は1.2mと高かった

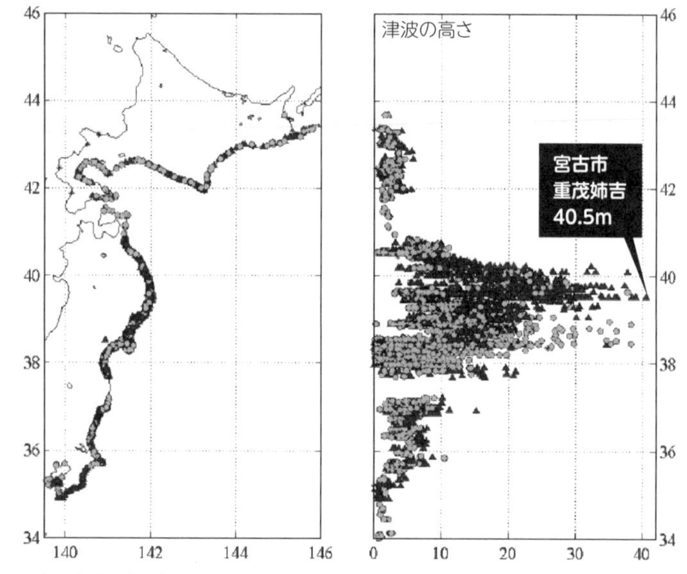

図 東日本大震災（平成23年）における浸水高・遡上高

出典）東北地方太平洋沖地震津波合同調査グループ（http://www.coastal.jp/ttjt/）による速報値（2011年7月5日参照）

＜参考＞

1） 田中仁：河川遡上津波による被害の特徴、河川技術シンポジウム、土木学会、2011

さまざまな状況下での地震発生

リスク分類▶②

地震が発生したら、新幹線では前席に両足を踏ん張り、エレベータでは全階のボタンを押す。

・**新幹線**乗車時の地震：地震に出会ったら、新幹線は横揺れが激しいので、飛行機のときの安全姿勢ではなく、**前の座席に両足を踏ん張って**、体を固定するとともに、上から荷物などが落ちてくることがあるので、カバンや両腕で頭を覆う（**図**）。平成16年10月の新潟県中越地震では、JR上越新幹線が時速200kmで長岡市内を走行中に、マグニチュード6.8の地震が発生し、10両中6両が脱線したが、死傷者は出なかった

・電車に乗っているときの地震：席があいていたら座る。シートやつり革などのつかまる物があれば、つかまる。席もつかまる物もないときは床で四つん這い（ば）になって、余裕があれば上から荷物が落ちてくるのに対して、頭を両手やカバンで覆う

・車に乗っているときの地震：スピードを落として、左側に車を寄せ、停車する。ラジオなどで、地震情報を集めて、避難所へ行くかどうかを判断する。車をおいて行く場合は、最寄りの駐車場などに駐車する（路上に放置すると、通行の障害となる）

・エレベータに乗っているときの地震：地震や停電等で停止しそうになったとき、非常ボタンを押す前に、全部の階のボタンを押して、どこかのフロアに止まったら、すぐに降りる。もし、エレベータ内に閉じ込められたら、非常ボタンを押すか、インターホンで管理人や防災センターに連絡をとる

・外で歩いているときの地震：傾いて倒壊しそうな建物から離れた場所や近くの建物からガラスなどが落ちてこない場所に移動する、移動が難しいときは低い姿勢でカバン等で頭を覆う。ブロック塀*、電柱、自動販売機などが倒れてくることにも注意する

・駅や空港にいるときの地震：天井や掲示板が落ちてきたり、ロッカーや自動販売機が倒れてくることがあるので、これらから離れた場所で、身を屈（かが）め、

カバンやスーツで頭を守る。駅のホームでは、バランスを崩して線路に落ちる危険性もある。ホームに電車が停車していれば、車内に逃げ込むのが安全である

・映画館で火事にあったら：火事に早く気付いたら、足元に注意して、急いで出口から外へ出る。気付くのが遅れて、出口に人が殺到する状況になったら、「落ち着いて、行動しましょう」と他の人に声をかけながら、順序よく動いて出るようにする

・お風呂に入っているときの地震：鏡が割れて浴室の床に落下して飛散する危険がある。また、裸の状態で長時間にわたって浴室に閉じ込められれば、しだいに体温が低下して低体温症に陥ることもある。そこで、恥ずかしがらずに、素早く扉や窓を開けるとともに、浴槽のフタで身を守るようにする。動く際は床のガラス片に気を付ける

＊ 宮城県沖地震（昭和 53 年 6 月）では、老朽化または手抜き工事だったブロック塀の倒壊により、11 人が犠牲となった他、全半壊が 7 400 戸、都市ガスが 13 万戸供給停止となるなど、50 万人以上の大都市が経験した初めての都市型地震災害であった

図　新幹線乗車時の地震への対応

<参考>

1）日本能率協会マネジメントセンター編：地震・水害・火災から守る 緊急防災ハンドブック、pp.16 ～ 17、pp.30 ～ 31、日本能率協会マネジメントセンター、2019

火山が噴火したときの対応

リスク分類▶②

火山は噴石も怖いが、時速100kmの泥流、それ以上に速い火砕流も怖い。

火山ハザードマップは想定された火口の範囲が広い（**図**）ので、災害時には実際の火口に対して考えて、行動する。その際、噴火は山頂ではなく、(集落に近い)山腹で起きる場合があることに注意する。富士山の宝永噴火(1707年12月)でも、5～6合目付近で、3箇所の側火口から噴火した。

火山噴火の情報は気象庁から以下に示す3種類の情報が提供される。また、Yahoo!天気・災害でも、全国の火山情報が伝えられる。

・噴火警報：噴火に対して、警戒が必要な範囲が発表される（最も緊急）

・噴火予報：警報を出すほどではないが、活動状況を周知する

・噴火速報：噴火したことを住民や登山者に伝える

火山噴火では、噴石の直撃を受けないよう、最寄りのシェルターに避難するが、ない場合は建物の頑丈な場所、屋外では大きな岩かげに移動し、カバンなどで頭を覆う。とくにハザードマップに示された「すぐに避難が必要」な地域や「火砕流」地域は要注意である。

噴石以外に溶岩流や火山灰が襲ってくる。溶岩流は流動しやすい玄武岩質で時速30km、また火山泥流だと時速100kmの高速で流下してくるので要注意である。溶岩流に大量の水をかけると、流動を遅くできる場合がある。

火山灰は数十～数百kmの範囲に降灰する。その影響は長期間に及ぶ場合がある。浅間山噴火（1783年8月）では、泥流・火山灰あわせて約2 600万 m^3 が河道に流入し、河床上昇し、その影響は19世紀初頭まで続き、水害の激化や平水時の排水不良*を引き起こした。火山灰は粉ではなくガラス片なので目などを傷つけないよう、サングラス、ゴーグルをつけるとともに、マスクをつける。

火山では**火砕流**も発生する。マグマは地上で溶岩ドームを形成し、このドームが崩れ始めると、噴火口内の火山性ガスが周囲の岩石を巻き込みながら、斜面を高速（速くて時速100km以上、低温だと**時速360km以上**）で流下する火砕流となる（「火山災害への対策」の項に写真あり）。火砕流は火山灰・軽石・火山

岩塊などが一団となって流下し、600～700度の高温の流れなので、火傷を負わないよう、火砕流から最短距離で離れる。

火山の山体が崩壊して、崩壊土砂が海へ流入すると、津波が発生することがあるので、注意する。雲仙・眉山の山体崩壊（1792年5月、3.4億 m^3）に伴う土砂が有明海へ流入し、波高6～9mの津波が発生して、約1.5万人の犠牲者が生じた事例がある（「火山災害への対策」の項参照）。

自宅での対応では、自宅に向かう溶岩流に対しては素早く避難する。噴石に対しては雨戸を閉め、窓から離れる。また、外気にふれる電化製品（給湯器、エアコンなど）は食品用ラップフィルムを施設全体に貼って防護する。

火山の噴火や火砕流に伴って、空気中を伝わる空振（空気の振動）で窓ガラスが割れるときがある。空振は圧力波（衝撃波）の一種で、瞬間的な低周波音で人間の耳では聞こえない。フィリピンのピナツボ火山の噴火（1991年6月）による空振は数千km離れた場所でも観測された。

＊ 河床上昇により、河道水位が高くなると、流域からの排水が難しくなる

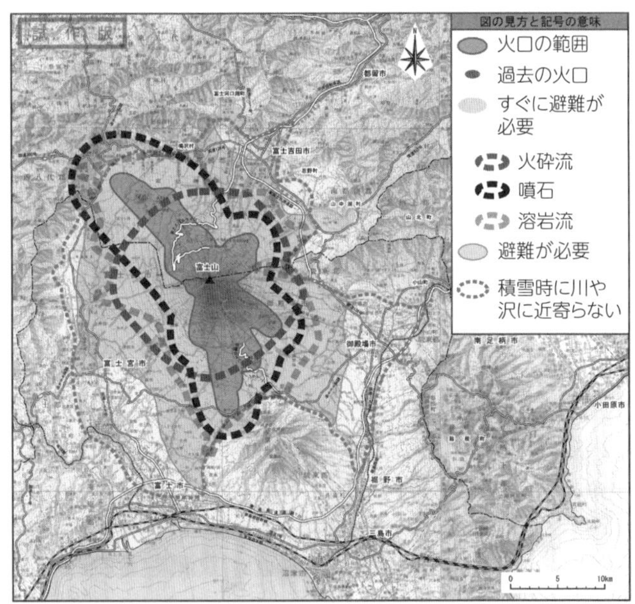

図　富士山火山防災マップ

注）火砕流、噴石、溶岩流による危険性を重ねて表示している

出典）内閣府ホームページ（http://www.bousai.go.jp/kazan/fujisan-kyougikai/fuji_map/）

＜参考＞

1)　末次忠司：江戸時代の水管理技術、水利科学、No.358、pp.42～43、日本治山治水協会、2017

泥棒、空き巣

リスク分類▶③

泥棒が侵入しても、家の中が荒らされていても、すぐには対応しないのが賢明である。

門扉が開いていたり、閉めたはずの窓が開いていると、泥棒が入った可能性があるので、中に入らずに外から様子を伺う。携帯から、自宅の電話にかけて、泥棒の反応を見るという方法もある。

就寝中に泥棒が侵入してきたことが分かっても、気が付いていないふりをして、泥棒が隣の部屋に行くのを待つ。隣の部屋に行ったら、静かに部屋を出て、家から少し離れた所で警察に電話をする。地元の警察署へ電話するより、110 番通報する方が時間のロスは少ないので、110 番通報する（110 番通報は緊急通報で地元の指令室につながるが、地元の警察署へ電話すると、そこから指令室へ回り、時間を要するからである）。

帰宅して、家の中が荒らされていることに気付いたら、何が盗難されたかを調べるのではなく、家の外へそっと出て警察に電話する。家の中で電話したり、盗難物を調べたりすると、まだ室内にいた泥棒に遭遇する危険がある。警察が来るまで、室内の物には触れないようにする。保険請求に必要な被害状況の写真を撮っておく。警察には盗難届出証明書を発行してもらう。

万一、泥棒に遭遇したら、防犯ブザーで警告したり、竹刀やバットで追い払ったり、催涙スプレーで撃退する方法がある（「泥棒・空き巣」の項参照）が、女性などで命があぶない場合は抵抗するより、最低限の金品を渡して帰ってもらうのが良い。防犯ブザーは警告だけでなく、鳴らした後に犯人に投げると、逃げる時間稼ぎができる。

泥棒などに、両手を体の前でタオルやガムテープなどで拘束されても、両手を頭の上に勢いよく上げると、ガムテープなどをはずせる（**図**）ので、泥棒の姿が見えなくなった段階ではずす。ロープなどで手をうしろで縛られても、体の前よりははずしにくいが、手のひらを握りこぶしにして、体を前かがみにするとともに、両腕をうしろ上方に勢いよくあげると、ガムテープなどをはずせる。または、手を少しずつ動かすうちにロープが緩んでくる場合がある。

屋外でバッグなどをひったくられるなど、泥棒にあったら「泥棒！」ではなく、大声で「火事だ！」と叫んで、周りの人にも助けてもらう（「泥棒！」と言うと、みんな怖いので避けて近寄ってこない）。

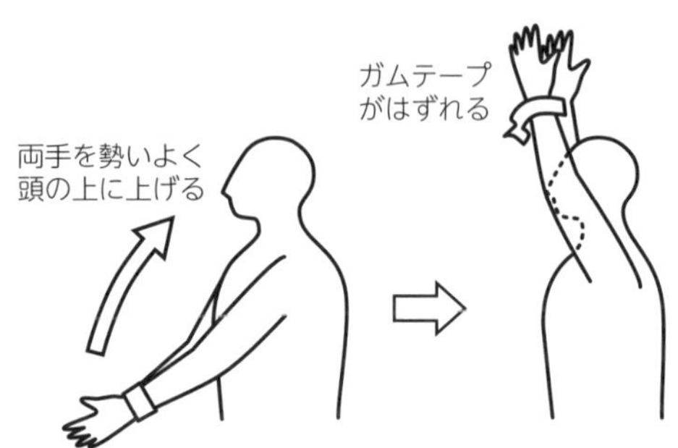
両手を勢いよく
頭の上に上げる
ガムテープ
がはずれる

図　両手を拘束されたガムテープをはずす方法

火災が発生したら

リスク分類▶③

初期消火は2分以内。油を水で消火しない。煙（一酸化炭素）が出たら、ポリ袋をかぶって避難する。その際、玄関を閉め、「火事だ！」とまわりに叫ぶ。

一般的に建物内で火災が発生してから**3分以内に天井に火が燃え移る**。したがって、初期消火できるのは、火災発生後2分間で、近所の人に大声で「火事だ」と知らせた後、できる範囲で初期消火をし、119番通報する。台所の隣の部屋に小型消火器があれば、手軽に消火に使える。なお、出火後に家を出るときは玄関のドアをしっかり閉める（室内への酸素供給が少なくなるように）。

シンナーのような揮発性の油では、炎が高く上がるので、天井への延焼に注意する。天ぷら火災などは厚めの布状のもので、覆いかぶせれば、酸素不足で消火される。けっして水をかけてはいけない。水が一気に沸騰し、水蒸気爆発を起こしたり、火傷するおそれがある。

火災が発生すると、炎で火傷をする人がいるが、約3割は煙（一酸化炭素）を吸って、なくなっている（6割以上が焼死）。一酸化炭素（色も臭いもない）中毒にならないためには、大きな**ポリ袋**をふくらませて、**頭を入れて避難**する（ハンカチを口にあてると、すすは防げるが、一酸化炭素は防げない）。ポリ袋でも数分間はもつ。事前には一酸化炭素警報器を設置しておくのが良い。子どもの中毒に配慮すると、100 ppmで検知できる警報器とする。

火災の火が服に引火した場合、水道の所まで行く間に火が全身に燃え広がる危険性があるので、その場で床をゴロゴロと転がるのが良い。その際、顔をやけどしないよう、また煙を吸い込まないよう、両手で顔を隠すようにする。

炎などで逃げ場がない場合や非常口が開かない場合は、アパートなどではベランダにある避難用はしごを使う（**写真**）。はしごから1階への落下を防ぐように、はしごは各階で異なる位置に設置されている。最悪2階以上から飛び降りることも考える*。その前に布団やマットレスを投げ落とす。時間がない場合、体を毛布やバスタオルなどでくるんで、草木が生い茂っている場所などに飛び降りる。

ホテルなどの慣れない場所では、安全（防災）の手引きやドアに表示された避

写真　下の階から見たマンションの避難用はしご

難経路・非常階段に従って、素早く避難する。示されていない場合は、従業員に確認する。避難にエレベータを使うと危険なので、避難時には使わない。煙（一酸化炭素）が多いときはランドリーなどの袋をかぶって避難する。

＊ 火災の煙は水平方向には 0.3 ～ 1 m/s、鉛直方向には 3 ～ 5 m/s（人が階段を上る速度の 10 倍近い速度）で拡がるので、マンションの 1 階の煙は 10 階まで、6 ～ 10 秒で到達する

<参考>

1）日本能率協会マネジメントセンター編：地震・水害・火災から守る 緊急防災ハンドブック、p.97、日本能率協会マネジメントセンター、2019

交通事故

リスク分類▶③

交通事故→警察に連絡→所有者情報→第三者の意見→保険会社への連絡

交通事故にあったら、まず（交通事故証明書をもらうため）警察に連絡する。加害者の車のナンバーや免許証の情報をひかえる（ドライブレコーダーへの録音でも良い）とともに、登録事項証明書から所有者情報（運転手と所有者が異なる場合がある）を調べておく。その後姿をくらます人もいるので、車のナンバーや免許証の写真を撮っておく。また、相手方とのトラブルに備えて、現場にいた第三者の意見（急停止、追突状況など）を聞いておく。

その後保険会社へ連絡する。被害者であれば保険を使っても、保険料は高くならない。なお、事故を起こして対物賠償、対人賠償などの相手方への賠償に保険を使えば、翌年は等級が3等級ダウン（車両保険を利用すると1等級ダウン）し、保険料が高くなる（等級は最高で20等級、保険契約初年度は6等級）。

歩道や横断歩道など、歩行者が優先されるエリアに自動車が侵入して事故を起こした場合、自動車の過失割合がほぼ100％である。横断歩道のない道など、車道とされるエリアに歩行者が侵入して事故を起こした場合、歩行者にも10～30％の過失割合が生じる。歩行者が信号無視や路上で寝るなど、明らかな過失がある場合、過失割合は五分五分か、歩行者の割合が自動車より高くなる場合がある。

災害に伴う交通事故もある。地震や豪雨で斜面が崩れて、道路がなくなった所に車が突入したり、地震でできた大きな亀裂に車が入ってしまうのに注意する。洪水で橋が落橋しているときに侵入してくる車もいる。平成元年8月には、福島県猪苗代（いなわしろ）町の大倉川橋（秋元湖に流入する大倉川）の落橋に気付かずに、3台の車が相次いで川へ転落する事故があった。また、浸水中を車で走ると、アクセルを踏んでいるときは良いが、アクセルを操作していないときは浸水がマフラーより高いと、水が侵入してきてエンストを起こし、最悪廃車になってしまう。

インフラの老朽化等による交通事故も多い。建設後50年以上経過した道路橋（橋長2m以上）は約25％あるし、トンネルは約20％ある。建設後40年以上経過した水道管も約15％ある。古い橋の落橋はあまりないが、トンネル内の部材落下や腐食した水道管からの水漏れに伴う道路陥没はあるので、要注意である（「インフラ災害」の項参照）。

こうした状況に早く気付いて、通行止めの措置がとられれば良いが、気付かずに車が被災する事故もあるので注意する。もし、国道や高速道路で陥没や道路の損傷を見つけたら、後続車が被災しないよう、道路緊急ダイヤル（＃9910）に通報する＜巻末の付録＞。自動音声ガイダンスで該当道路の管理者につながる。

飛行機事故

リスク分類▶③

飛行機は離着陸時の風に要注意だが、酸素マスクはすぐに装着しないと酸欠になる。

ボーイング社が1959～2011年を対象に調査した結果では、商業飛行のジェット機で1 798件の事故があり、うち603件が死亡事故であった。死者数は搭乗者が約2.9万人、地上等で巻き添えとなった人が約1 200人であった。これまでに発生した死者数が多い飛行機事故は表の通りで、単独の事故で死者数が最多の事故は日航ジャンボ機が御巣鷹山に墜落した事故（1985年）である。

表　死者数が多い飛行機事故

発生年 死者数	事故の概要
1977年 583名	テネリフェ空港（スペイン領カナリア諸島）の滑走路上で、パンアメリカン航空とKLMオランダ航空のボーイング747機が衝突し、644名中583名が死亡した。両機とも、当初の目的地でテロ予告があったため、空港を変更した。霧のなかで、KLMは離陸許可を受けたと勘違いし、パンアメリカンは管制官の「C3 出口で滑走路を出よ」に従わず、両機は衝突した
1985年 520名	日航123便（ボーイング747機）が御巣鷹山（群馬県上野村）に墜落し、524名中520名が死亡した。当機は羽田から伊丹へ向かう途中、伊豆上空で圧力隔壁が破損し、また垂直尾翼と補助動力装置が脱落して、油圧操縦システムを喪失したことが原因であった。圧力隔壁の破損は事故の7年前に伊丹空港で起きた「しりもち事故」の不適切修理が影響していると見られている
1996年 349名	インド・ニューデリー近郊で、サウジアラビア航空のボーイング747機と、カザフスタン航空のイリューシンⅡ-76機（貨物機）が空中衝突し、349名が犠牲となった（空中衝突事故としては最悪）。カザフスタン航空の機長らは管制官の英語の指示をよく理解せず、指示より低く降下したため、衝突した

しかし、自動車事故は一生のうち1/4の確率で遭遇するが、飛行機事故は0.0009％と意外と低い（墜落事故の約95％で生存者がいた）。**飛行機事故**（1950～2019年6月）の原因は、操縦ミス49％が圧倒的に多く、機械的故障23％、天候10％も多く、**離陸・着陸時**が全体の**80％**を占めている。離陸時の3分、着陸時の8分をあわせて「**魔の11分**」と言われている。

離着陸時には、ダウンバースト（積乱雲からの強い下降流）やガストフロント（突風前線：ダウンバーストが地面にぶつかるときの風向の急変、気圧の急上昇）

が発生するので、事故が発生しやすい。対策としては、気象ドップラーレーダー*（**写真**）により、竜巻、ダウンバースト、ガストフロントを空間的にとらえている。

写真　気象ドップラーレーダー

出典）気象庁ホームページ（https://www.jma.go.jp/jma/kishou/know/kouku/2_kannsoku/23_draw/23_draw.html）

マナーの悪い乗客がいて、飛行中にドアを開けるなどのトラブルもありそうだが、内側から開けるには20トン近い力が必要なので、上空で飛行機のドアはまず開けられない。ただし、何らかの原因で機体に穴が開いたら、気圧の低い機外に吸い出される危険があり、機内の温度は凍傷レベルを下回る。

飛行機で危険な状態になると、天井から酸素マスクが下りてくるので、大丈夫と思っている人も多いと思うが、必ずしもそうではない。まず酸素マスクは18秒以内に装着しないと、酸欠になる。酸欠になると、吐き気、めまい、意識低下が起き、最悪死に至る。また、酸素は長時間供給される訳ではなく、10分間しか供給されないことを知っておくべきである。

着陸時などでトラブルが発生したときの安全な姿勢は、頭をおさえて、前方向にかがむか、前の座席に両手をあて、そこに頭をつけて固定する方法がある。小さな子供がいる場合、子供をお腹の位置で抱え、片手で頭をおさえるようにして、もう一方の手を前の座席につけ、自分の頭を固定する姿勢をとるのが良い。

搭乗前または飛行機内での対応としては、以下の対応がある。

・機体後部、または脱出口に近い席に座る：機体後部は前方より生存率が40%高い
・衝撃に対して、長袖シャツ・長ズボンを着用し、動きやすい靴を履く：長袖シャツは燃えにくい綿やウールが良い
・セーフティマニュアルを読み、キャビン・アテンダントによる離陸前の安全説明をよく聞く
・乱気流に巻き込まれるなど、万一の場合に備えて、シートベルトは常に装着しておく

＊ 風に流される降水粒子から反射される電波のドップラー効果（周波数の変化）を用いて、レーダーに近づく風と遠ざかる風の風速差より、風の変化をとらえる。ドップラー効果は自動車の速度取締りでも使われている

思いがけない場所でのリスク

リスク分類▶①②③

エスカレータでは手すりにつかまり、氾濫ではガスボンベに注意する。

・エスカレータに乗っているとき、転んだ人が上から落ちてくると、下にいる人は非常に危険である（階段でも同様の危険がある）。何らかの原因で非常停止ボタンが押されても、とくに下りエスカレータの人は前に転倒して、なだれ状に下に倒れていくことになる。手すりにしっかりつかまっていると、危険を回避できる場合がある

・プールには水を入れ替えるために、プール底に排水口が設置されている。通常排水口周りには金網などで、人が入れないようになっているが、何らかの原因でこれがはずれると、子どもなどは吸い込まれる危険がある

・氾濫や津波が発生すると、水流でプロパンガスのボンベが流失することがある。流失に伴って、ガスが拡散するので、ガス爆発や引火する危険がある

・マンションなどのエレベータに、他の人と一緒に乗ることになったときは、なるべく奥の方に入るようにしたり、最寄りの階のボタンを押して一時的に降りるようにする

・大きな災害が発生すると、デマ（在日朝鮮人のしわざ、○○のたたりなど）が飛び回って、関係のない人が被害にあう危険がある。最近SNSの普及により、以前よりデマが早く、広く拡散するようになっているので、冷静に情報に向き合う

・沿岸部で強風が吹くと、コンテナや車が横方向に飛ばされることがある。車同士がぶつかると、火災を起こすことがあるので注意する

・銀行などで銀行強盗に遭遇したら、犯人に逆らわず、言ったことに従う。万一、銃で撃ってきたら、低い姿勢でソファーの後ろなどに隠れる

・路上などで、無差別殺人（車の突入もある）にあったら、建物内に隠れるか、間にあわない場合は、ガードレールや電柱などの後ろに隠れる

コラム　山で遭難しそうになったら / リスク分類 ④

山中で遭難しないために、遭難してから地図で確認するのではなく、登山中の要所要所で自分がいる現在地を確かめ、ルートの様子を確認しておく。**道に迷ったら、尾根を目指して上がる**と、周囲が見渡せ自分の位置がよくわかる。山の場所によっては携帯電話がつながる場合もある。百名山の山小屋でのつながり具合の確認では、3～4割がつながり、とくにNTT・ドコモのつながり方が良かった。ただし、山の樹林帯や沢筋では、つながりにくかった。山中で暗くなったら、転倒・滑落する危険性があるので、ハンドフリーライトをつける。または無理をせずにビバーク（緊急事態の野宿）する。ヘリコプター等による捜索で見つけてもらいやすいよう、開けた場所で、木や大きめの石で“SOS”などの文字を作る。文字は2m以上の大きさであれば、300m上空からでも発見できる。その際、国際的に通じ、上空に伝えるシンボルサインを知っておくと役立つ。例えば、医者が必要は「I」、食事が必要は「F」、着陸可能は「△」などのサインである。

＊1 事前には、遭難者の約6割は単独登山なので、複数で登山するようにする。また、遭難すると民間ヘリの出動に1万円/1分かかり、これに民間隊員の日当、保険などが必要となり、相当の金額となるので、山岳保険（本格登山用、軽登山・ハイキング用）に加入しておく。（年間契約ではない）単発契約では保険料は数百円である

＊2 山の地図アプリ（基本アプリは無料）もある。このアプリがあると、携帯の電波が届かなくても、事前にダウンロードしておいた登山ルートの地図データより、ルート、水飲み場、わかれ道などがわかるし、登山記録を残せる。約600万人の登山人口に対して、160万人が利用している

リスク発生後

● リスク分類 ●

① 気象リスク

：水害（氾濫、土砂災害、高潮）、雷、強風、雪崩、熱中症

② 災害リスク

：地震（地震、津波、複合災害）、火山（火砕流、溶岩流、噴石）

③ 社会リスク

：交通・飛行機事故、犯罪（誘拐、強盗、空き巣）、火災、化学物質、危険生物、SNS 犯罪、食中毒

④ 生活リスク

：溺死、認知症、不慮の事故

水害後の経済支援

リスク分類▶ ①

郵便局の貯金通帳やカードがなくても、運転免許証などで本人確認できれば、10万円程度の貯金はおろすことができる。全壊（損害割合が50%以上）が10世帯以上の市町村や全壊が100世帯以上の都道府県では被災者生活再建支援法*が適用され、適用されれば**家屋が全壊**した人は最高で**300万**円支給される。

300万円のうち、100万円は基礎支援金で、200万円は家屋の建設・購入（補修では100万円、賃貸では50万円）のための加算支援金である。大規模半壊（損害割合が40%以上）には最大250万円が支給される。半壊にはこれまで再建支援の支給はなかったが、熊本地震（平成28年）などの被災実態に基づいて、損害割合が30%以上の半壊には最大100万円が支給されることが検討されている。

家族が災害でなくなった場合、市町村から遺族に災害弔慰(ちょうい)金が支給される。災害により精神や身体に重い障害を負った場合、市町村から本人に災害障害見舞金が支給される。水害や火災に対しては、市町村から災害見舞金が支給される場合もある。県内で災害救助法が適用された市町村がある場合で、災害により負傷または住居や家財に損害を受けた場合、生活再建に必要な資金（最大350万円）を借りることができる。3年以内は無利子で、10年以内に償還する必要がある。

被災すると、税金の減免もある。水害被害を受けた場合、国税（所得税、相続税、贈与税）、地方税（住民税、事業税、自動車税）の減免・徴収猶予・申告などの期限延長が行われる。所得税は雑損控除の適用か災害減免法による徴収猶予の還付により、減免される。税の徴収猶予や還付を受けた人は、税務署に確定申告書を提出して、所得税の精算を行う。中小企業の工場・事業所が被災した場合、特別緊急融資として、災害復旧資金の貸付が行われる。

保険による補償もある。生命保険に入っていると、水害後180日以内の死亡・傷害に対して、保険金、給付金が支払われる。個人契約で支払った保険料は所得税・住民税の控除対象となる。住宅総合保険では、例えば建物の損害割合が15〜30%未満の床上浸水被害の場合、保険金額の1割（上限は200万円）を受け取ることができる。保険の申請に市町村が発行する罹災証明書は必要ない。業者による建物の修繕見積書と被災状況を示す写真を添えて申請する。

火災保険等の契約をしているが、契約会社が不明な（または保険証書が見つからない）場合、日本損害保険協会に電話すると、災害救助法の適用市町村の住民には、約２週間で契約会社を照会してもらえる。

＊ 被災者生活再建支援法は、阪神・淡路大震災（平成７年１月）が契機となって、平成10年に制定された

<参考>

1） 末次忠司：これからの都市水害対応ハンドブック、pp.56 ～ 57、pp.60 ～ 65、山海堂、2007

水害後の住宅手続き

リスク分類▶ ① ②

土地や家を借りている人には必見の情報がある。借地上の建物が水害などで一部損壊した場合は、借地人は従来通り借地を使用できるが、全壊した場合は地主が土地を売却すると、**借地人**はこの土地に住めなくなる場合がある。大水害では地主への申し入れにより**借地権**を主張できる。

アパートや一戸建ての**借家人**は、水害などで全壊・流失した建物の再建が完了する前に、家主に申し入れして、**借家権**を取得しておく必要がある。借家が一部損壊した場合は借家権は存続するが、修繕に多額の費用を要する場合、家主は修繕しなくても良い。

被災したマンションは、被災程度（全部滅失（倒壊など)、大規模一部滅失、小規模一部滅失）により、建替えできるかどうかの条件が異なる。例えば、全部滅失した場合、敷地の所有権の共有関係のみが存在し、総会で議決権の 4/5 以上の賛成があれば、管理者のもとで議論し、マンションの建替えまたは土地の売却ができる（図は地震発生後の手順)。

また、マンションが一部滅失して、建て替える必要がなく、復旧する場合、大規模滅失では、総会で議決権の 3/4 以上の賛成があれば、不賛成者は賛成者に買取請求（買取価格は時価）を行い、再入居できる。ここで、大規模滅失とは建物価格の 1/2 以上（小規模滅失は 1/2 以下）が被災した場合を表す。

<参考>

1） 大京アステージ・ホームページ：マンションが被災してしまったら……

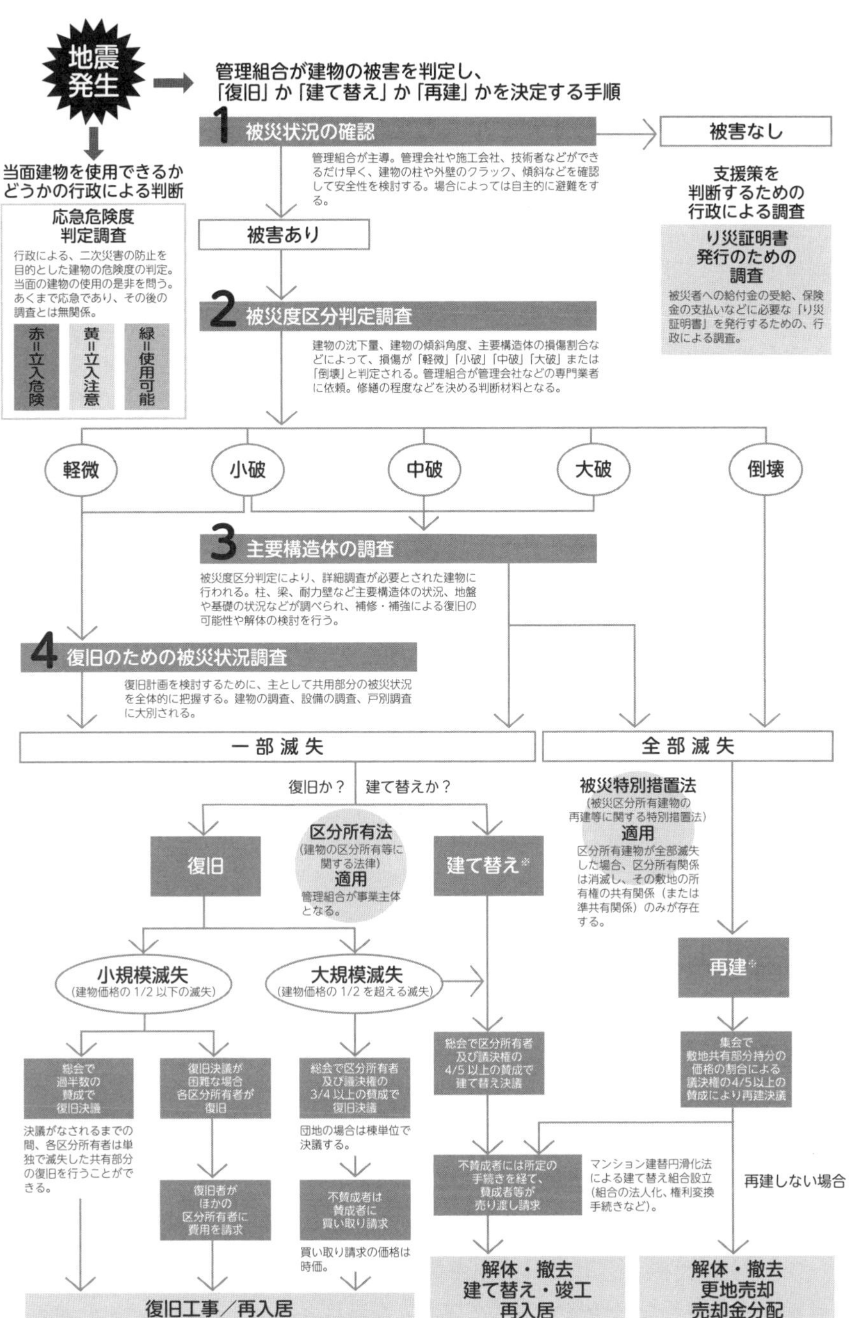

図　マンションが地震で被災した後の建て替え等の手順

出典）大京アステージ（https://www.daikyo-astage.co.jp/topics/mitinori.pdf）

避難所生活

リスク分類▶ ① ②

避難所にペットを連れて行けるかどうかは、事前に確認しておく（小型の愛玩動物は連れていける避難所がある）。避難所に着いたら、先ず窓口の人に名前と家族構成を伝える。避難所でのスペースは人の出入りが多い出入口付近は避けるが、高齢者や障害者がいる場合は、トイレに行きやすい場所を選ぶ。

配布された敷物などを敷き、段ボールがある場合は隣の人との境界に仕切りとして立てる。感染症対策などのために、できれば隣と少しスペースを開けると良い。また、互いの場所をのぞかないようにする。足が不自由な人がいれば、床に座るのは大変なので、パイプイスを借りて、座るようにする。

避難所で注意すべきことは、以下の通りである。

・会話は小さな声で行い、携帯電話はマナーモードとする
・情報収集でラジオを聞く時は、イヤホンを使う
・エコノミークラス症候群*にならないよう、立ち上がったり、手足を細かく動かしておく。昼間は外で運動をする
・香りや匂いは周囲の人を不快にするので、香水などはつけない
・揚げ物や匂いの強い食べ物は屋外で食べる
・トイレは衛生的に使い、掃除当番などの役割を責任持って行う
・喫煙は避難所のルールに従って行う
・避難所に貼り出された情報（家族からの連絡など）に注意する

避難所特有のことがらへの対応は、以下の通りである。

・夜でも明るいので、寝る時や休む時はアイマスクを着用する
・いつも周りで声がするので、気になる人は耳せんやイヤホンを使う
・風呂なし、水なしの状況ではドライシャンプーで洗髪するなどの工夫を行う
・寒い時期に暖房器具が避難所にない場合、上着を着るだけでなく、服の下にブランケットまたは新聞紙を入れて保温する方法もある
・ゴミは所定の場所に出し、掃除当番などの役割を責任持って行う

避難所での慣れない環境で体調を崩す人などは、在宅避難についても考える。ただし、在宅避難ではおにぎりや物資などが配給されない場合があるので、注意する。なお、避難している間は、自宅の現金・貴重品・商品などが盗難にあわな

いよう、住民が自警団を組織して、夜間の見回りなどを行う。

以上のように、避難所生活では体調を崩したり、病気が悪化するリスク、人間関係に関するリスクなどがある他、大勢が集うため、感染症のリスクもある。避難所での感染症リスク対策は以下の通りである。また、自宅や店舗における盗難リスクについても考えておかねばならない。

・入り口で検温を行う

・隣の人の居住スペースとの間隔をあける

・避難所内ではマスクを着用する

・こまめに換気を行う。夏はエアコンと大型扇風機を併用する（風の向きは出入口に向けて）

・食事などの配給の際は前の人との間隔をあけて受け取るようにする

・発熱などの容体が悪い人の相談窓口を設けておく

＊ エコノミークラス症候群（静脈血栓塞栓症）は、長時間じっと動かないでいると、足や下半身にできた血液のかたまり（血栓）が血液に乗って肺動脈に詰まり、胸の痛みや呼吸困難を引き起こす病気で、急に体を動かした時に発生する。飛行機のエコノミークラスの座席に長時間座った時に起きることがあり、このように名付けられた

＜参考＞

1） 日本能率協会マネジメントセンター編：地震・水害・火災から守る 緊急防災ハンドブック、pp.116 ～ 119、日本能率協会マネジメントセンター、2019

2） 末次忠司：これからの都市水害対応ハンドブック、pp.22 ～ 23、山海堂、2007

リスク発生後

避難所から帰宅して行うこと

リスク分類▶ ① ②

まず最初に、**ガス漏れ**していないかどうかを確認し、換気のために窓を開ける。次に部屋の片づけを行うのではなく、**被災状況の写真を撮っておく**。写真には撮影の日付を入れておく。撮影のポイントは、例えば家の壁が被災した場合、壁全体と壁の被災がわかる拡大写真の２種類の写真を撮影する。写真は市役所から罹災証明書を受けたり、保険の請求に必要となる。保険には門扉、塀などの付帯設備、家具などの家財、車などの被災証明書も必要である。

まだ停電している時には、通電火災を起こさないよう、電気ストーブやこたつの近くにある服や掛け布団などの燃えやすい物を移動しておく。また、復旧作業に日数を要しそうだが、トイレが使えない場合、近所の人と一緒に仮設トイレ（工事現場などにあるもの）をレンタルし、使用する。

地震で損壊した建物の一部が道路上にある場合、緊急車両等の通行妨げとなるので、道路脇などに片づける。また、浸水により浄化槽や下水道の汚水が流出した場合、細菌感染するなど伝染病が発生するおそれがあるので、市役所または保健所に連絡して、防疫（消毒）作業をしてもらう。汚水の流出により、壁に黒い線が残らないよう、水で洗い流しておく。

水に浸かって使えない廃棄する物としない物を分け、廃棄する物は庭か、（通行の妨げとならない）道路脇に置く。水害では１軒あたり１～３トンの災害ゴミ（廃棄物）が出る（**写真**）ことを念頭に置くとともに、道路脇に出した災害ゴミが通行の妨げにならないように注意する。なお、水に濡れた家電を使うと、感電したりして危険である。水に濡れた家具などは水洗いし泥を落として、引き出しをはずして、日陰で乾かす（太陽光線では膨張してタンスなどに入らなくなる）。

畳や床の上の物を片づけたら、畳をはずす。水に濡れた畳は使い物にならないので廃棄する。床下の水や泥を外に出す。土砂が多い時は金属製のスコップ、少ない時はプラスチック製の除雪用スコップが良い。床下が乾燥するまでには時間を要するので、扇風機などの風を床下に入れる。業務用の大型扇風機が使えればもっと良い。そして、床下の地面が乾燥してから、床板を張るようにする（乾燥しないうちに床板を張ると、床が腐食したり、カビが生えることがある）。

床板を張る前に、専門家に床下の基礎や柱が損傷していないかどうかを見てもらう。壁の中の断熱材は外からは見えないが、交換しなければならない場合がある。災害により家が傾いている場合もあるので、窓（またはドア）と窓（ドア）枠の間にすき間ができていないか、また、床面や廊下に置いたビー玉が転がると、傾いている可能性がある。災害後の応急危険度判定士による建物の判定結果*も参考とする。

＊ 被災程度により、赤（危険）、黄（要注意）、緑（調査済）の帳票が貼られ、危険と判定された場合は、建物への立入りができなくなる

写真　災害ゴミの状況（鬼怒川水害（平成 27 年 9 月）：茨城県常総市）

<参考>
1) 末次忠司：これからの都市水害対応ハンドブック、pp.58 ～ 59、山海堂、2007

地震後にやってはいけないこと

リスク分類▶②

斜面上に家がある場合、大きな地震により斜面が崩れる危険性があるので、斜面に亀裂が入っていないか確認し、安全が確認される前に家に入らない（豪雨の場合も同様である)。急斜面や（切土に比べて）盛土上の建物は危険である。平面的な斜面より、角地の斜面の方が地震で崩れやすい。

屋外において車やバイクで道路を走行する場合、道路の崩落、斜面の土砂崩れ、道路の亀裂などがないか注意しながら、走行する。とくに夜間や大雨時には、出かけない方が良いが、運転する場合は前方が見えにくいので、細心の注意を払う。

地震がおさまったからといって、**ガスを使ってはいけない**。ガス管が破損し、ガス漏れで引火する危険性がある。部屋にガスが充満していたら、ライターでタバコを吸ったり、ガスコンロを使うと爆発が起きる危険性がある。

また、スイッチを押して電気をつけると、火花が出て、火事を起こす危険性がある。車のエンジン点火も同様の火災の危険がある。電気のブレーカーは電気ストーブに服がのっていないか、こたつに燃えやすい物が入っていないかなどを確認してから、入れるようにする。

家族・親せき・友達は被災地の人を心配して、電話で安否確認を行おうとするが、電話が集中すると、回線がパンクして不通となったり、輻輳（ふくそう）（電話がつながりにくい状態）するので、電話ではなく、災害用伝言ダイヤル（番号 171:「誰もいない」と覚える）* などを利用したり、SNS（LINE など）を活用するようにする<巻末の付録>。災害用伝言ダイヤルは毎月 1 日・15 日、正月三が日、防災週間（8/30 ～ 9/5)、防災とボランティア週間（1/15 ～ 21）に体験利用できるし、英語版のサービスもある。

＊ 伝言ダイヤルのかけ方：171 → 1、被災地の方の番号→ 1 →伝言を録音→ 9、#
伝言ダイヤルの再生：171 → 2、被災地の方の番号→ 1 →伝言を再生（伝言は 48 時間後に消去）
発信者が被災地にいる時は、「被災地の方の番号」の代わりに「自宅の番号」を入れる

本震後の余震

リスク分類▶ ②

災害後、本震と変わらないぐらい大きな余震が発生することがあるので、復旧活動や避難時に注意する。建物は本震で損壊しなくても、余震で損壊する場合もある*。熊本地震（平成 28 年 4 月）ではマグニチュード 6.5 の地震の 28 時間後にマグニチュード 7.3 の地震（連続震度 7 は初）があり、被害が拡大した（**写真**）。後に 1 回目が前震、2 回目が本震に修正された。東北地方太平洋沖地震（平成 23 年）でも、本震と余震が入れ替えられた。

余震期間は一般には 1 週間以内が多い（**図**：マグニチュード 4 以上の地震）。新潟県中越地震（平成 16 年）は震度が 7 と大きく、群発地震的な地震で、大きな余震に伴う「余震の余震」があったり、余震域が広がっていく中で余震活動が活発化したため、余震回数が多くなった。

基本的には、地震の規模（マグニチュード）が大きいと、期間が長くなる傾向がある。例えば、東北地方太平洋沖地震（平成 23 年 3 月）では、余震は活発で本震から 1 時間足らずの間に、マグニチュード 7 以上の地震が 3 回発生した。東北から関東地方にかけて被害をもたらし、東北地方の太平洋沖では震度 1 以上の余震が 10 年近く続いている。

この地震による余震回数は最初の 1 年で 8 千回、4 年で 1.1 万回、8 年で 1.4 万

写真　熊本地震（平成 28 年）による被災状況

出典）内閣府ホームページ（http://www.bousai.go.jp/kohou/kouhoubousai/h28/83/special_01.html）

回も発生した。震災前の10年間（2001～2010年）の全地震回数が約300回/年であったので、震災後の1年間は約30倍の地震が発生したことになる。

熊本地震の余震は活断層によるものであった。当時余震という言葉から大きな地震が起きることはないと受け取られたため、災害後気象庁は余震ではなく、「同じ程度の地震に注意」などと呼びかけることとした。なお、余震は海溝型地震が多いが、本震による地殻変動の影響で、規模の大きな海洋プレート内地震でも発生する。

余震に関連して、生存率は地震後72時間を過ぎると減少すると言われている。水を72時間飲まなければ、脱水症状になって死に至るというのが根拠であるが、科学的根拠には乏しいので、希望を失わずに捜索が来るまで辛抱強く待つことが大事である。

＊ 通常建物は1回の地震に対して耐震設計されている

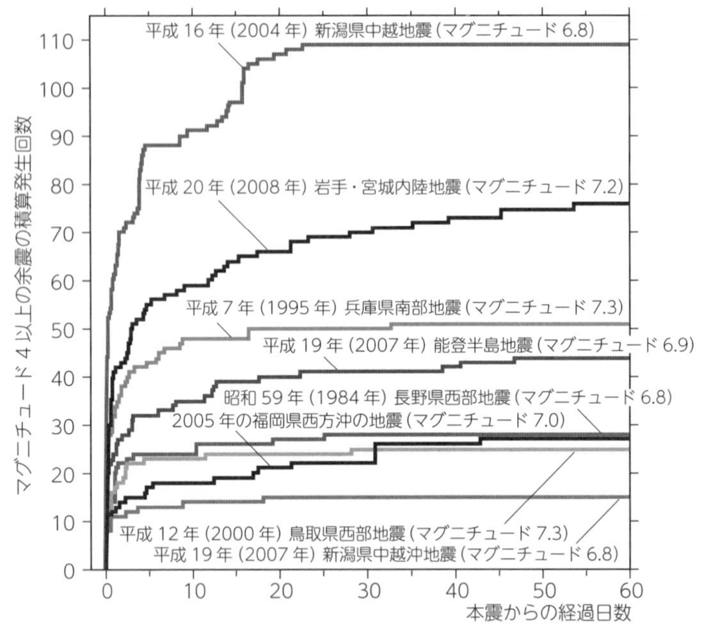

図　余震の積算発生回数

出典）気象庁ホームページ（https://www.data.jma.go.jp/svd/eqev/data/aftershocks/kiso_aftershock.html）

地震発生後の対策

リスク分類▶ ②

地震に強い建物とするためには、耐震・免震・制振対策を行う（「地震への対策」の項参照）。個人宅では（柱間に設置する）ダンパーによる制振対策が適当で、大きな店舗や事務所などは鉄骨ブレース（筋かい）などによる耐震対策についても検討する。

災害後、住居を移転する場合、地震に強い地盤の地域に移転する。沖積平野（1万年以内に形成）の低平地は地盤が弱く、地震の揺れが長く、建物が被害を受けやすいが、洪積平野（1～260万年に形成）や台地は地盤が硬いので、地震に対して強い。

例えば、東京・八王子の台地は地震に強く、昭和天皇のお墓も武蔵陵墓地（JR中央本線の高尾駅の北）にある。古代天皇の陵は代々京都や奈良に設けられたが、大正天皇以降八王子に御陵が設けられた。聖徳太子の法隆寺（7世紀：奈良県斑鳩町）も地盤の良い矢田丘陵上に建てられた。

なお、住居の移転に関しては、災害発生地域等から住居を集団的（10戸以上、場合によっては5戸以上）に移転させる「防災集団移転促進事業（昭和47年～）」があり、対象は昭和40～50年代は豪雨に伴う土砂災害が多かったが、平成に入ると噴火災害や地震に伴う移転が増加した。移転戸数が多い事業は熊本県龍ヶ岳町（りゅうがたけまち）（土石流災害：昭和47年7月）の329戸、東京都三宅村（三宅島噴火災害：昭和58年10月）の301戸である。

東日本大震災（平成23年3月）により、湾岸地区では震源から離れた千葉・浦安市、内陸部では田んぼを埋め立てた埼玉・久喜（くき）市などで液状化災害が見られ、家が大きく傾いたり、電柱が倒れた。浦安市は市域面積の86％で液状化が発生したが、とくに旧江戸川の南東地域の住宅地で噴砂を伴う甚大な被害が生じた。この地域は昭和43年以前の埋立てによる造成地で、地盤の液状化対策が実施されていなかった。一方、その周囲の工業地域や東京ディズニーランドでは地盤の液状化対策を行っていたため、大きな被害とはならなかった。

液状化に対しては、地盤に柱状改良体（セメントなどの固化材）を杭のように入れて強くする方法（深層混合処理工法）（**図**）、宅地下に薬液（水ガラス系など）を注入し、粘着力により地盤強度を上げる方法などがある。

深層混合処理工法のCDM工法は、撹拌(かくはん)機を土中に貫入させながら、注入したセメントを土と混合させて円柱状のパイル（杭）を土中に形成して、地盤を強くする工法で、同様の工法にDJM工法などがある。平成30年9月の北海道胆振東部地震では、札幌市で大規模な液状化が生じたが、再発防止には一体的な対策が必要との判断から、宅地箇所の対策も公費で施工された。

地震により家具や家電などが倒れる被害にあったら、倒れるのを防止したり、移動を軽減する「つっぱり棒」、「転倒防止プレート」、「転倒防止シート」を設置する（「地震への対策」の項参照）。見た目はあまり被害がなさそうでも、ドアの開け閉めがしにくくなったり、窓枠が傾いて、すき間ができることがあるので、注意深く見てみる。

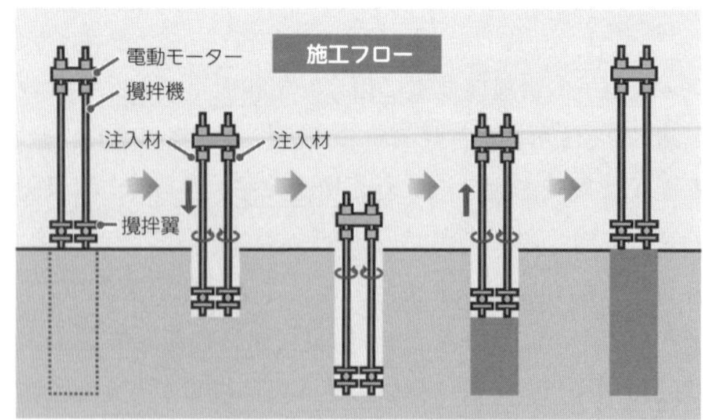

図　液状化に対する深層混合処理工法（CDM工法）
出典）りんかい日産建設ホームページ：CDM（深層混合処理）工法、施工フロー

<参考>
1）住まいの水先案内人ホームページ：住宅の地盤と基礎 液状化

リスク発生後

火山噴火後の対応

リスク分類 ▶ ②

火山噴火に伴って、溶岩流・火砕流、噴石、火山灰などが発生し、これらによる被害が住民や産業に深刻な影響を及ぼす。発生後の対応を被災形態別に以下に列挙する。

- ・溶岩流・火砕流：溶岩流・火砕流の流下方向は火口の位置などにより変わる（「火山が噴火した時の対応」の項参照）ので、実際の状況を確認しながら、災害対応をとることになる。溶岩流・火砕流が流下してくると、家屋が損壊したり、火災が発生する。発生後、家屋の被災状況を確認し、移転*または復旧方策を検討する。高温の溶岩流では、一旦火災が鎮火しても、その後ふたたび火の手が上がることがあるので、延焼防止に努める
- ・噴石：家屋、車、庭の被災状況を確認し、復旧方策について検討する。道路上の噴石は交通の妨げとなるので、速やかに除去する。再度噴火に伴う噴石が飛んでくることがあるので、シェルターの位置などを確かめておく。シェルターがない場合は、近くにある頑丈な建物内に避難するようにする
- ・火山灰：噴石などとともに、河川・水路や道路上の降灰は除去しておく。河川への火山灰等の流入は、河床上昇を引き起こし、越水氾濫を起こす原因となるので、掘削・浚渫しておく（よう市役所等に依頼する）。車に積もった火山灰はふく時に注意しないと、車体にキズをつけることがある。目に入ると、目にキズがつくので、サングラスをして防ぐ。乾燥した火山灰は風により、舞い上がるので、洗濯や健康被害に注意する
- ・その他：噴石や空振により、家や車の窓ガラスが割れる場合があるので、後片付けや掃除の際には、底の厚い靴をはいて、ガラス片には気を付ける

＊ 10戸以上の家屋を移転させる「防災集団移転促進事業（昭和47年～）」があり、東京都三宅村では三宅島噴火災害（昭和58年10月）後に、301戸が移転した

リスクの実態とリスクへの対策

● リスク分類 ●

① **気象リスク**

：水害（氾濫、土砂災害、高潮）、雷、強風、雪崩、熱中症

② **災害リスク**

：地震（地震、津波、複合災害）、火山（火砕流、溶岩流、噴石）

③ **社会リスク**

：交通・飛行機事故、犯罪（誘拐、強盗、空き巣）、火災、化学物質、危険生物、SNS 犯罪、食中毒

④ **生活リスク**

：溺死、認知症、不慮の事故

熱中症リスク

リスク分類▶ ①

熱中症の患者は年間4～6万人もいて、毎年500人以上が死亡し、平成22年には約1 700人が亡くなった（**図**）。平成22年の死者数の約8割が65才以上の高齢者（とくに75～89才が約半数）で、地域では東京（280人）、大阪（140人）が多かった。気温が28度以上になると、熱中症患者数が急増する。

平成22年はラニーニャ現象（ペルー沖の海水温が平年より低くなり、梅雨が短くなったり、猛暑となり、水不足が懸念される）に伴う気温上昇と、偏西風の北偏に伴い、太平洋高気圧が日本を広く覆ったことにより、当時観測史上1位の猛暑となった。年間猛暑日数は大分・日田（45日）、群馬・館林と埼玉・熊谷（41日）、兵庫・豊岡と岐阜・多治見（38日）などと、全国的な猛暑であった。

平成30年で見ると、救急搬送者は、1）東京都（約7 800人）、2）大阪府（約7 100人）など、約9.5万人（過去最多）が搬送された。人口あたりの搬送者数では、1）岡山県、2）群馬県が多かった。

海外でも

- 2019年　フランス　45.9度の高温で1 435人が死亡した
- 2015年　インド　47.7度の高温で2 200人以上が死亡した
- 2003年　欧州で5.2万人以上がなくなった（フランス14 800人、ドイツ7 000人、イタリア4 200人、スペイン4 200人（スペインは4万人以上という報道もある）など）

のように、熱波や熱中症などでなくなる人は多い。フランスでは、8月に40度以上が8日連続で続いた。イタリアの7月の最高気温は46度であった。南ヨーロッパでは、干ばつによる農作物の被害も見られた。

熱中症の症状はめまい、立ちくらみ、手足のけいれんなどである。意識がもうろうとしたり、汗のかき方がおかしい（汗がとまらない、汗が出ない）と、熱中症を疑う必要がある。熱中症というと、気温に注目しがちであるが、同じ気温でも**湿度により危険度は異なり**、例えば32度の気温で湿度40%では警戒レベルであるが、湿度80%になると危険レベルとなる。

熱中症の警戒レベルは1954年に米国で提案された暑さ指数（WBGT）で表され、日本では平成18年より導入された。WBGTは湿球黒球温度の略で、湿度、熱環境（日射、輻射など）、気温の影響を以下の割合で考慮した指数で、湿度が重視されている。湿度は湿球温度計で計測するもので、皮膚の汗が蒸発するときの湿度に相当する。

	湿度		熱環境		気温
・屋外	7	：	2	：	1
・屋内	7	：	3		

熱中症に対しては、令和2年7月より、この暑さ指数が当日または翌日33度以上になると予測された場合、環境省・気象庁から熱中症警戒アラートが試行的に出されるようになった（関東・甲信地方の1都8県）。8月に東京・千葉・茨城に最初の警戒アラートが出された。

最近熱中症対策として、携帯扇風機を使用する人が多いが、暑いなか扇風機の風だけでは、熱中症対策とはならない。濡らしたハンカチで顔を拭いて扇風機を使うと、水分が蒸発するときの気化熱で涼しくなる。他には冷感機能素材が入っている冷却タオルも有効だし、脱水症にはミネラルが入っていて、カフェインが含まれない麦茶が良い。日傘はポリエステル製（黄色）が良い。

1日で尿と便から約1.5 L、皮膚や肺・汗などから約1 Lの計約2.5 Lの水分が失われる。これを補うのに代謝により作られる水分0.3 Lの他、飲み物で1.5 L、食べ物で0.8 Lの水分摂取が必要である。すなわち、500 mLのペットボトル3本を飲む必要がある。とくに高齢者は唾液の分泌量が減るため、のどの渇きを感じにくいので、意識的に水分を摂るようにする。1日8回を目安に1回で150～200 mLずつ飲む。

就寝前トイレを気にして水分補給しない人がいるが、水分不足で血液がドロドロになり、脳梗塞や心筋梗塞を起こす危険がある。また、大量の汗をかいたときは水分とともに塩分を摂取する必要があるので、経口補水液（スポーツドリンクより電解質濃度が高く、糖濃度は低い）を摂る。

熱中症は外出中だけではなく、**家の中でもよく起きる***ので、とくに高齢者はエアコンを使って、気温や湿度を下げるようにする（エアコンを使いたがらない高齢者が多い）。エアコンをつけっぱなしにした方が良いかどうかは、30分以内に部屋に戻ってくるときはつけっぱなしで良いが、それ以上部屋をあけるときは消すのが良い。

熱中症になったら、衣服を脱がせて、扇風機やうちわであおいで、体を冷やす。氷のうなどがあれば、太い血管が通っている首すじ、脇の下、太ももの付け根、股関節あたりにあてる。深部体温（脳や内臓などの体の内部の温度）が 40 度を超えると全身けいれん、血液凝固障害（血液が固まらない）などの症状が現れるので、そうならない予防のために、手のひらや足の裏を冷やすのが良い。

＊ 平成 30 年のデータでは熱中症の発生場所は、1）住居（41%）、2）道路（13%）、3）公衆・屋外（12%）であった。場所不明も約半数と多く、不明を除くと住居は約 8 割を占める

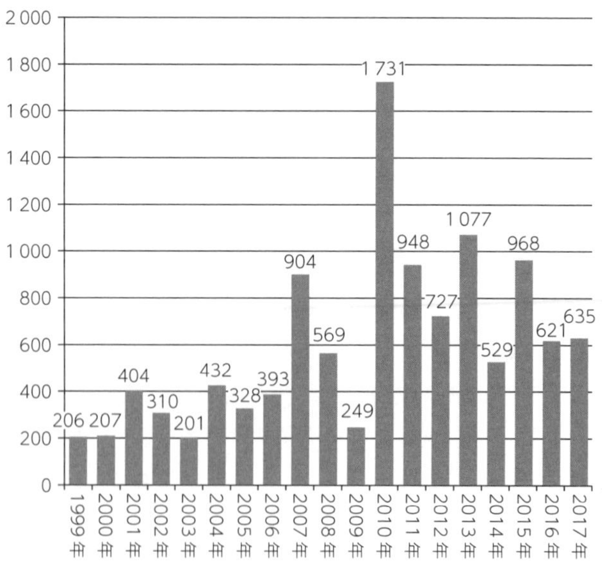

図　熱中症による死者数

＜参考＞

1）　環境省：熱中症予防情報サイト、熱中症の予防方法と対処方法

地球温暖化リスク

リスク分類▶ ①

地球温暖化は気温を上昇させるだけでなく、水害を激化させるとともに、長期的には島や沿岸部を水没させるリスクがある。また、生態系の生息分布を変えたり（今より標高の高い所で生息）、野菜・果物などの生産地を変化させる（生産地が北の地域へシフトする）。

過去100年間で、日本では1度（全世界で0.6度、東京で3度*）、平均気温が上昇した。とくに上昇率が大きいのは最低気温で、冬でもそれほど寒くなく、降雪・積雪が減少している。**温暖化の原因は二酸化炭素やメタン**などの温室効果ガスが増加したことによるものである。

温暖化への寄与率は二酸化炭素（化石燃料の燃焼）が64%、メタン（農業関連、廃棄物埋め立て）が19%、フロンが10%で、単位濃度当たり（地球温暖化係数）では、CFC（クロロフルオロカーボン）やPFC（パーフルオロカーボン）などが大きいが、二酸化炭素は化石燃料の消費に伴い、過去50年間で約4倍に増加したため、温暖化への寄与率が高い。他に水蒸気の影響も大きいが、一般に対策が難しい水蒸気は除外して考えられる。

発電では二酸化炭素を排出する火力発電を減らして、再生エネルギーを増やすべきである（水力や原子力も排出量は少ない）が、現状（2019年）は火力75%（天然ガス（36%）、石炭（28%）、石油（3%）、他（9%））が多く、再生エネルギー（11%、うち太陽光7%）はまだ少なく、水力が7%、原子力も7%ある（**図**）。今後二酸化炭素を多く排出する効率の悪い石炭火力発電所を段階的に休廃止していく計画である。

最近の火力発電は石油ではなく、天然ガスが主流である。天然ガス発電のメリットは以下の通りである。

- 発電で発生した排熱を別の電力源として利用できる（ガス・コージェネレーション・システム（電力とともに熱を取り出す）を利用して）
- 温室効果ガスのCO_2（採掘に伴いメタンガスは発生）、公害物質の窒素酸化物や硫黄酸化物の発生が少ない
- 石油や石炭以上に多くの地域で産出していて、安定した供給が得られる

長期的には約10万年周期で温暖化→寒冷化→温暖化のサイクルを繰り返して

きた（**図**）。二酸化炭素が増えて温暖化すると、雨量や土砂流出量が増え（温暖化すると植生も繁茂するが、それ以上に降雨により土砂が流出する）、土砂のCa^{2+}（カルシウムイオン）が海水中のCO_2と結びついて、$CaCO_3$（炭酸カルシウム）となって沈降し、CO_2が減少するというサイクルである（地球の自己調節機能）。しかし、近年の温暖化のスピードが速いため、この機能が十分発揮できなくなってきている。

温暖化は短期的には海水温を上昇させ、水蒸気量が増加して豪雨が発生する（1度の水温上昇で、水蒸気量が7%増加する）。海水温が上昇すると、**台風の勢力も強くなる**（**図**）。長期的には70～80年後、気温上昇に伴う海水の膨張（この影響が大きい）や氷河の融解により、海面水位が18～59 cm上昇すると予測されている。海面が50 cm上昇すると、日本では700 km^2の平野が海面下になると推測されている。温暖化に加えて、都市化の進行も地表面温度を上昇させ、活発となった上昇気流が豪雨を発生させる。都市化とは地表面のコンクリートやアスファルトによる被覆化、車・工場・エアコンからの排熱などの影響を指す。

温暖化対策としては、火力発電を減らしたり、工場・家庭・車からのCO_2の排出を抑制したり、CO_2を地中や海底に封じ込める研究も行われている。他に定められた温室効果ガスの排出枠が余った国が、排出枠を超えた国との間で排出量の取引を行うこともできる。一方、廃棄物や下水汚泥などを活用して、温室効果ガスを軽減する方法もある。人工光合成でCO_2を吸収して、燃料となるメタノールを生成する技術も開発中である。

排出量（権）取引は京都議定書（1997年12月）で規定されたもので、取引を通じて全体の排出削減費用を小さくできる。イギリスのICE（デリバティブ（金融派生商品）の店頭市場）やドイツのEEX（欧州エネルギー取引所）などが主要取引所で、世界全体の炭素市場の取引額は約14兆円、取引量は約103億トンである。国内では東京・埼玉の間で一部クレジット（森林吸収クレジット、再エネ＜環境価値換算＞クレジット）の相互利用などが行われている。排出削減量や吸収量を国がクレジットとして認証して、売買できるようにした。

＊ 東京で気温上昇が高いのは、地球温暖化以外に都市化（コンクリート等による被覆化、車・工場・エアコンからの排熱など）の影響がある

＜参考＞
1） 末次忠司：河川技術ハンドブック－総合河川学から見た治水・環境、pp.126～128、鹿島出版会、2010

2）新電力ネット・ホームページ：用語集 天然ガス発電

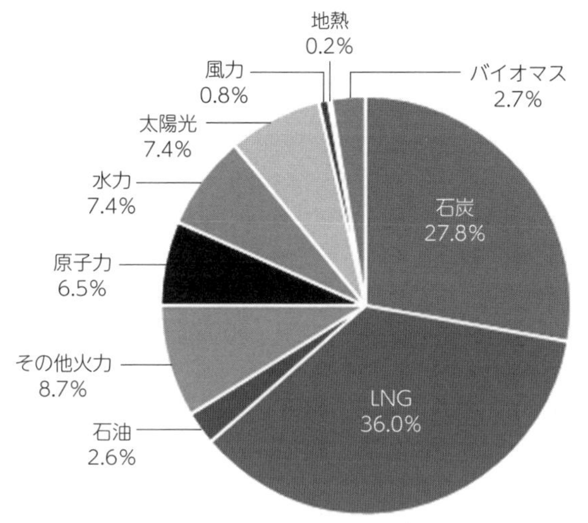

図　電源の構成割合（環境エネルギー政策研究所作成）

出典）環境エネルギー政策研究所：2019年（暦年）の自然エネルギー電力の割合（速報）、図1

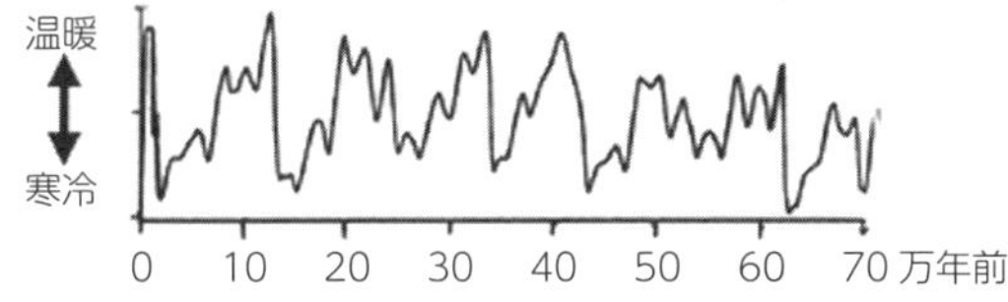

図　過去70万年間の気温変動

注）酸素の同位体である ^{18}O（原子量18：0.2%）を含む水が ^{16}O（原子量16：99.7%）を含む水よりも凍りやすい性質を応用して、南極・北極の氷の同位体比を調べると、過去の気候変動を解析できる

出典）Imbre *et al*, 1982

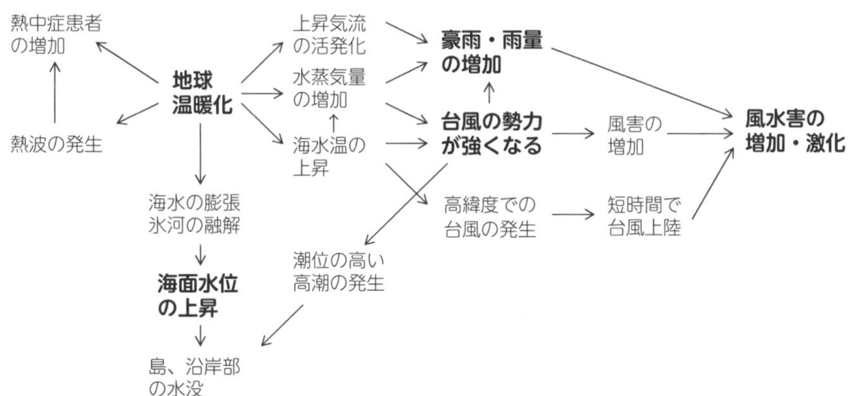

図　地球温暖化が豪雨等におよぼす影響

リスクの実態とリスクへの対策

要援護者の災害対応

リスク分類▶ ① ②

全国には高齢者（70才以上）2 600万人、乳幼児（6歳未満）590万人、身体障害者430万人、精神障害者390万人、知的障害者110万人、傷病者（入院）130万人などの**要援護者**がいて、重複する人もいるが、およそ**全人口の1/3**に相当する。

それぞれの要援護者に対して、災害対応が異なるので、以下に列挙する。なお、要援護者の避難に関しては、「災害時の避難」の項を参照されたい。

・体が不自由な人→フリーハンド用機器を備えた携帯電話を利用する。要援護者1人につき、2人が避難・移動などの対応を行う。車イスや担架などを用意する

・精神障害者→要援護者1人につき、1人が避難・移動などの対応を行う

・知的障害者→要援護者1人につき、1人が避難・移動などの対応を行う

・視覚障害者→防災ラジオ、有線放送等を活用する。受信メールを読み上げる携帯電話もある

・聴覚障害者→FAXや携帯メールで情報を伝える。インターネット情報を活用する

・独居老人や寝たきり老人→緊急警報時に自動的に放送を受信する緊急警報放送システム（スイッチを切っていても、自動的に放送が流れてくる）や緊急通報システム（ペンダントのボタンを押すと、消防機関に通報され、救急車が急行するシステム）を用いる

家庭に居住する要援護者を支援するには、どこに誰が居住しているかを把握しておく必要がある。災害対策基本法の改正により、自治体に「避難行動要支援者」の名簿作成が義務付けられたため、町内会や自主防災組織から、居住者の名簿作りのために、情報提供を求められることがあり、個人情報の関係で拒否する人もいるが、名簿は災害時の救出に役立つので、なるべく協力する。とくに一人暮らしの老人の救出には名簿が重要となる。

居住状況を示したマップでも良い。令和元年の台風19号（東日本台風）の際、長野県佐久穂町では消防団が作成した「災害時住民支え合いマップ」が住民の避難誘導に役立ち、千曲川支川から氾濫し、全半壊住宅が60軒以上あったが、死

者はゼロであった。当初町から名簿を提供してもらえなかったため、消防団員らが全 4 300 世帯を訪問してマップを完成させた。

洪水浸水想定区域内には要配慮者利用施設（社会福祉施設、学校、医療施設など）が多数ある。これに対して、平成 28 年の台風 10 号による被災を受けて、平成 29 年に水防法等が改正され、避難確保計画（災害時の確実な避難の確保）の作成と避難訓練の実施が義務化された。水害（洪水浸水想定区域、土砂災害警戒区域など）に対して、市町村の地域防災計画に記載された約 7.8 万施設のうち、約 3.5 万施設（45％）で避難確保計画が作成された（令和 2 年 1 月）。

水害時における要援護者に対する緊急避難的な対応としては、以下の表のような施設での対応事例がある。**表**からわかるように、緊急時には普段と違った思い切った対応をしないと、救える命も救えない。自宅や店舗における災害対応の参考とすることもできる。

表　福祉施設における水害時の対応

発生年月 発生場所	降雨原因 降 雨 量	水害時の対応	事前対応
平成 22 年 7 月 山口県美弥市	前線 191mm/12h （美弥大橋）	特別養護老人ホーム「幸嶺園（こうりょうえん）」では、入所者をベッドに寝かせたまま、4 人で 2 階へ 1 時間で移動させ、1 階の浸水が始まる 40 分前に入居者の避難を完了できた	複数の責任者を定め、2 階の食堂娯楽室を避難場所とするように定めた
平成 22 年 10 月 鹿児島県奄美（あまみ）市	前線 648mm/24h 78.5mm/h （名瀬）	高齢者グループホーム「わだつみ苑」では、住用（すみよう）川の氾濫による浸水が胸の高さまで達したなか、職員が利用者を**カーテンレールにしがみつかせたり、自動販売機の上にあげる**などして、犠牲者（2 人）を少なくできた	被災当時、避難勧告発令基準は未策定、洪水ハザードマップも未作成であった
令和 2 年 7 月 熊本県南部	梅雨前線 396.5mm/12h 83.5mm/h （球磨村）	特別養護老人ホーム「千寿園」では、自衛隊・住民も加わり、入所者を 2 階に避難させていたが、浸水がガラスを破って侵入してきたため、1 階のテーブルの上に残された 14 人が亡くなった	避難計画を作成し、避難訓練も年 2 度行っていた

要援護者を家族や親せきだけで支援することが難しい場合、市区町村や、平常時から要援護者と接している社会福祉協議会、民生委員などと連携をとりながら、支援を行うようにする。

＜参考＞
1）　末次忠司：水害に役立つ減災術、pp.106 ～ 107、技報堂出版、2011
2）　吉井博明：豪雨災害時における避難と高齢者施設の対応：平成 22 年 10 月奄美豪雨災害を事例として、コミュニケーション科学、No.38、pp.91 ～ 103、2013

洪水災害を助長するもの

リスク分類▶ ①

洪水災害は河道に流入する**土砂や流木**により、被害が助長される。豪雨により土砂崩れが発生すると、土砂とともに樹木が河道に流入し、流木化する。河道に流入した土砂は河床を上昇させ、流木は橋梁を閉塞すると、上流で洪水が越水する場合がある。流木は斜面勾配が8度（1/7の傾斜）以上の渓流で発生し、流木量 W（本）は土砂崩壊量 V（m^3）と関係していて、$W = V/8$ が目安となる。流木は針葉樹（とくにスギ）が多く、枝は途中でとれて幹のみが多い。

橋桁より低い水位で流木が橋脚にひっかかることは少ないが、流下してきた草や小枝などが橋脚に絡まり、橋脚の見かけ上の断面が大きくなると、水位を上昇させ、水位が橋桁に近づくと、流木が1本ひっかかり、その後続々と滞留し、閉塞に至ることがある（**図**、**写真**）。こうしたリスクに対処するには、橋梁近くに居住している人は、洪水位が橋桁に近づく前に避難する必要がある。

他に豪雨や地震に伴う土砂崩れが大規模になると、「複合災害」の項で記述したように、堰止め湖が形成され、これが決壊すると、下流で大きな洪水被害となる。九州北部豪雨災害（平成29年7月）で見られたように、河川が土砂を伴って氾濫すると、浸水だけの氾濫と異なって、氾濫流の勢いが強いので、建物に被害を与える影響が大きくなる。暫定的には建物の川側に大きめの土のうを積んでおき、災害後は石積みを行って対応する。

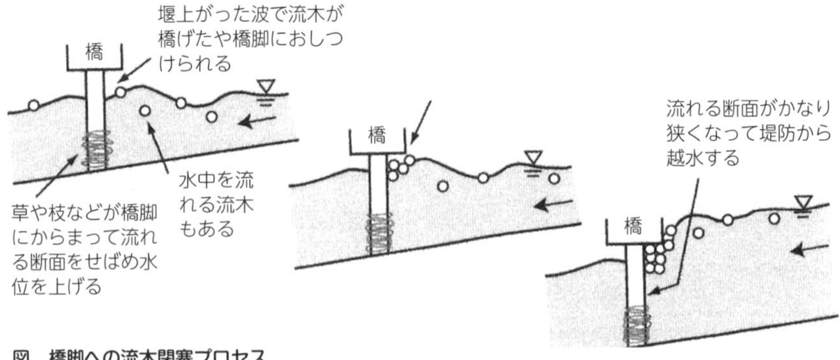
閉塞の進行
堰上がった波で流木が
橋げたや橋脚におしつ
けられる
橋
草や枝などが橋脚
にからまって流れ
る断面をせばめ水
位を上げる
水中を流
れる流木
もある
橋
流れる断面がかなり
狭くなって堤防から
越水する
橋

図　橋脚への流木閉塞プロセス

出典）末次：河川の科学、p.89、ナツメ社、2005

写真　流木による橋梁の閉塞（奥山川（出石町鍛福橋））

出典）国土交通省ホームページ（https://www.mlit.go.jp/river/saigaisokuho_blog/past_saigaisokuho/taifu23/kinki/kinki_32.html）

とくに都市河川では短時間で洪水となるので、降雨時の風呂水の排水も洪水位上昇に影響する。また、豪雨や洪水は1山（ピークが1つ）とはかぎらず、長良川が破堤した長良川水害（昭和51年9月）では、5日間に及ぶ3山の洪水となったので、次に発生する洪水についても注視しておく。ダムからの放流により、大きな洪水や複数の洪水となることもある。また、大河川では降雨ピークと洪水ピークの時差があるので、雨が止んで安全になったと思った後に被災する人がいる。

ダムからの過剰放流も災害を助長することがある。ダムでは操作規則に従って、貯水池への流入量*1に対して適切に放流を行っているが、想定以上の流入量の場合、放流量（流入量相当）が多くなり、下流で大きな洪水流量になる場合があるので、放流情報に注意しておく。東日本台風（令和元年10月）以降、状況によっては利水ダムでも事前放流して洪水を貯留する方針が決定され、令和2年7月豪雨で74ダムで実施された。

ダムが決壊することは国内ではあまりないが、豪雨や地震でため池*2が決壊して、浸水被害が発生することはある。ため池は浸透（パイピング：浸透流に伴う土砂流出によるパイプ状の水みち形成）に伴う破堤が多く、次いで越水が多い（砂質土で侵食しやすい）。ため池の被災原因（平成19～28年）は豪雨が7割、地震が3割である。台風が10個上陸した平成16年（4 500池が被災）や東日本大震災（3 700池が被災）で多数のため池が被災した（**図**）。

近年農家戸数の減少や高齢化により、ため池の管理が不十分で豪雨などに対して弱体化したり、老朽化していて、平成16年には多数のため池が被災した。事前放流を行い、容量を開けておくと、ため池をダムのように洪水調節に使うことができる。

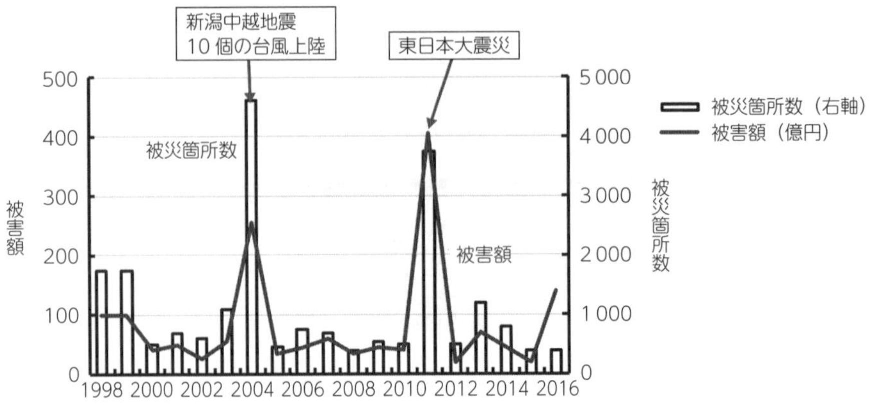

図　ため池の被害状況
出典）「毛利：ため池の被災事例から見た減災機能と維持管理」を基に作図

ダム決壊は国内では少ないが、海外ではあり、2.6 万人の死者が生じた中国河南（かなん）省のダム決壊事例もある（**表**）。日本では東北地方太平洋沖地震（2011 年 3 月）による藤沼ダム（福島県須賀川（すかがわ）市）、伊豆大島近海地震（1978 年 1 月）による持

表　ダム決壊事例の概要

地域	発生年月／場所	災　害　の　概　要
日本	1936.11 秋田県鹿角（かづの）市	尾去沢（おさりざわ）鉱山の鉱滓ダムが豪雨により決壊し、374 人の死者が発生した。その 1 か月後、復旧工事中に再び決壊し、9 人が死亡した
	1953.8 京都府井出町（いでちょう）	大正池（重力式コンクリートダム）と二の谷池のダムが南山城豪雨により決壊し、108 人の死者が発生した
	2011.3 福島県須賀川市	東北地方太平洋沖地震により、藤沼ダム（灌漑用ダム：アースダム）の堰堤が決壊し、150 万トンの水が流出し、8 人の死者・行方不明者が発生した
海外	1959.12 フランス・ヴァール県	マルパッセダム（アーチダム）が大雨による満水時に岩盤強度の不足により、ダム基礎が移動して崩壊し、決壊した。421 人の死者が発生した
	1963.10 イタリア北東部	バイオントダム（アーチダム）近くの山が 2km 以上に渡って地すべりを起こし、2.4 億 m^3 の土砂が貯水池へ流入して津波が発生し、ダム堰堤を越水し、下流で 2 000 ～ 2 600 人の犠牲者がでた
	1975.8 中国・河南省	板橋（ばんきょう）ダム（フィルダム）や石漫灘ダムなど、大小 62 ダムが台風の大雨（日雨量 1 060mm）により決壊し、2.6 万人の死者が発生した。世界史上最大のダム決壊災害となった。欠陥工事であったと言われている
	1976.6 アメリカ・アイダホ州	ティートンダム（ロックフィルダム）が湛水中にパイピング現象（浸透）により崩壊し、決壊した。11 人が死亡し、20 億ドルの大災害となった
	2019.1 ブラジル・ ブルマジーニョ	鉱山ダムであるブルマジーニョ尾鉱ダムが管理不十分で決壊し、347 人の死者・行方不明者（大半が鉱山会社の従業員）が発生した。鉱山の有害物質を含んだ 1 200 万 m^3 の泥が流出する環境災害を引き起こした

＊　鉱滓ダムや鉱山ダムは、谷間に捨石（ズリ）で築かれたアースダムに近い形式である
出典）「いちらん屋ホームページ：日本と世界のダムの決壊・崩壊・越流事故の一覧」を参考にして、作成した

越鉱山の鉱滓ダム（静岡県伊豆市）など、地震による決壊事例もある。

戦時中では第二次世界大戦でのイギリス軍によるドイツのエーデルダム、メーネダムへの攻撃（1943 年）、朝鮮戦争でのアメリカ軍による水豊（すぷん）ダムへの攻撃（1949 年）、第四次中東戦争でのイスラエル軍によるアスワン・ハイ・ダムへのペイント弾による攻撃（1973 年）もあった。とくにエーデルダム、メーネダムの破壊により、約 3.3 億トンの水がルール工業地帯へ流出し、1 249 人が死亡するという戦争によるダム破壊の代表事例となった。

＊1 予測された流入量の時間的変化、洪水継続時間についても配慮している

＊2 ため池は全国に約 20 万箇所（兵庫県が最多、半数が淡路島）あり、約 7 割が江戸時代以前に築造された古い施設である

＜参考＞

1） 末次忠司：図解雑学 河川の科学、pp.88 ～ 89、ナツメ社、2005

2） 毛利栄征：ため池の被災事例から見た減災機能と維持管理、平成 30 年 7 月豪雨による地盤災害緊急調査報告、p.10（ppt 資料）、2018

3） いちらん屋ホームページ：日本と世界のダムの決壊・崩壊・越流事故の一覧

水難事故

リスク分類▶ ①

海や川での水難事故による死者・行方不明者数は30年前の1/2に減少しているが、今でも年間700～800人なくなっているので、海水浴や川での魚とり・釣りでは、事故にあわないよう注意する。死者・行方不明者（平成21～30年）の内訳は、場所別では海が52%、川が30%である。行為別では魚とり・釣りが30%、水泳中が10%である。近年行為別では水泳中が減少し、水遊びが増えている。

水難事故は水遊びや海水浴が盛んな7～8月が多く、とくに川遊びでは子供が川に流され、子供を助けようと親が川に入って2次災害となるケースが多い。泳いで助ける場合は、水難者の腕、肩、服などを背後からつかみ（前から抱えると抱きつかれて、動きにくくなり危険である）、上向きにして助ける。

都市河川における水難事故も多く、平成20年7月に都賀川（とが）（神戸市）で発生した洪水では、河川内で洪水に遭遇した57人中41人が避難したが、11人は避難が間にあわず救助され、残りの5人が洪水に流されて亡くなった。急勾配（1/20以上）の都賀川では、洪水位の上昇が速く、2分以内に1m以上水位上昇する段波（水面形が段状となった洪水波）であった。

水難事故を減らすには、川に転落したり、川で溺れている人を見たら、まずそれにつかまって**水に浮けるような物**を投げてあげることが大事で、タイヤ、太い木の枝などを探す。バッグやビニール袋でも浮袋の代わりになる。溺れた人には泳いで岸に行こうとするのではなく、流れに浮くよう伝える。浮いて流れていくうちに、岸に近づくことがある。ただし、大きな岩・堰・水制などがあると、その近くでは流れが渦巻いていることがあるので、溺れないように注意する。

水難事故はレジャーに関連しても発生しており、平成11年8月に酒匂川（さかわ）水系玄倉川（くろくら）（神奈川県山北町）では、キャンパー事故が発生した。玄倉ダムからの放流もあり、県や警察が再三避難を呼びかけたが、河原でキャンプを続けて避難しなかった18人が濁流に呑み込まれて、うち13人が死亡した。当時は水深1.2m、流速2m/sという流れの中に立つのも非常に困難な状況であった（浸水中の避難で見れば、水深0.5m、流速0.5m/sが限界）が、水の中に流線型の隊列で並んで立っていたので、ある程度流れに耐えることができた。

キャンプで事故にあわないようにするには、携帯ラジオにより、上流域の気象情報を収集する。インターネットやラジオによる雨量・水位情報はリアルタイムで提供されているので、利用する。また、以下に示すような天気の変化、川の水位の上がり具合に注意し、足下まで水が来る前に素早く避難する。流木やゴミが川と平行に１列に並んでいる所は最近の出水での水位を示している。

・山に雨雲がかかり、降雨により山が見えなくなる
・ラジオ放送にノイズが入る（雷雲の発生）
・急に風が強くなり、空色が黒くなる（雷雲の接近）
・川の水が濁ってくる（洪水、河岸侵食、土砂崩れの発生）
・木の枝などが流れてくる（洪水または土砂崩れの発生）

＊ 陸地から助ける場合、腹ばいになって、手を伸ばして水難者の手首をつかんで引き寄せる。陸地から離れている場合、数人が手首を握ってヒューマンチェーンをつくる。先頭の人が水難者に届いたら、合図をして引く

出典）末次忠司・高木康行：都市河川の急激な水位上昇への対応策、水利科学、No.307、p.26、日本治山治水協会、2009

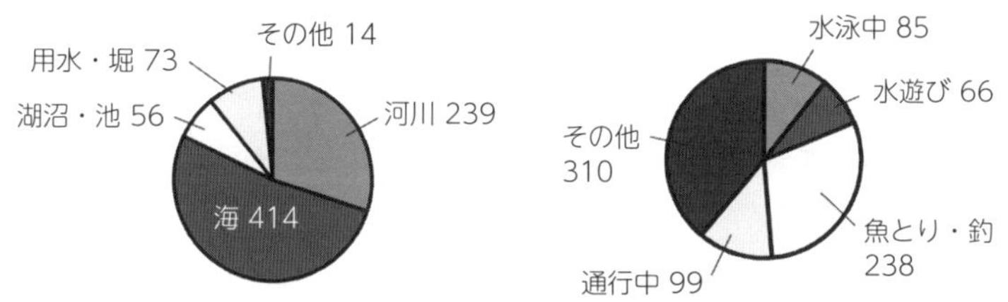

図　水難事故（平成 21 ～ 30 年の年平均）の発生状況（左：場所別、右：行為別）

<参考>

1）　末次忠司：これからの都市水害対応ハンドブック、pp.39 ～ 41、山海堂、2007
2）　末次忠司：河川技術ハンドブック－総合河川学から見た治水・環境、pp.138 ～ 141、鹿島出版会、2010

地震などの災害を助長するもの

リスク分類▶①②③

強い地震や規模の大きな地震は大被害をもたらす。しかし、地震の強さがそれほど大きくなくても、地形、地盤条件（地下水位、土質）、建物の老朽化･耐震状況、火災、堤防被害などにより、被害が助長される場合がある。

＜地震＞

沖積平野の低平地などの堆積層が厚い地域では、地震による揺れが大きく、建物が被災しやすい。**地下水位が高く、砂地盤**の地域では**液状化**被害が起きやすい。

＜地震・火災＞

関東大震災などでは地震に伴い、化学薬品（エーテル、ガソリン、メタノール、黄リンなど）により火災が発生した。火元は東京帝大（東大）や東京職工学校（東工大）などであった。そのプロセスは以下の**図**の通りである。

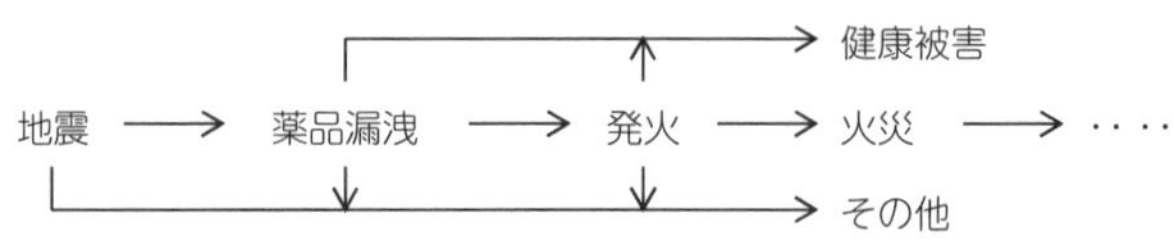

図　地震に伴う化学薬品の影響プロセス

＜地震・火災＞

空き家は平成30年で、全国に約846万戸（空き家率は山梨県（21.3%）、和歌山県（20.3%）が多い、全国平均で13.6%、空家数は東京、大阪が多い）もあり、老朽化した木造家屋が多いので、地震で倒壊したり、火事を起こす危険性がある。空き家の約半数は賃貸用住宅である。地震に関しては、現在より緩い「以前の建築基準*」で建てられた建物は地震被害を受けやすい傾向がある。

＜地震・火災＞

避難するときに電気のブレーカーを切っておかないと、通電火災が発生する。地震により服などの燃えやすいものが電気ストーブなどを覆ってしまい、停電が復旧（通電）すると、ストーブなどの熱により出火する。阪神・淡路大震災（平成7年）では神戸市内で157件の建物火災があり、原因が特定された55件のうち、33件（6割）が通電火災であった。通電火災の怖さは地震発生から遅れて出火するため、避難し無人となっていて、初期消火が遅れ、短時間で火災が拡大することである。電熱器具には転倒時の安全装置が装備されているものもあるが、落下物等により正常に作動しないことがある。

＜高潮・津波＞

高潮や津波は流体力が大きいので、遡上時に建物・車・貯木などを巻き込んで浸水被害を発生させる（**写真**）。損壊した建物などが他の建物などに連鎖的に被害をもたらす。また、地面の標高は基本的に海に近づくほど低くなるが、海沿いの埋立地は標高が高く、相対的に低い背後地が高潮、津波、氾濫時に浸水深が高くなったり、浸水が長期化する可能性がある。

写真　津波による車などの流失（東日本大震災：岩手県陸前高田市）
出典）岩手県 山田町

＜地震・水害＞

地震が発生すると、堤防沈下により堤防高が下がって越水しやすく、また堤体がゆるむので、洪水時に越水・侵食などで被災しやすい。

＊ 宮城県沖地震（1978（昭和 53）年 6 月）で約 9 万戸が被災し、とくにブロック塀の損壊で 11 人がなくなった。その後、建築基準法が大改正（昭和 56 年）され、震度 5 でも損傷しない新耐震設計法が出され、震度 5 の地震に耐えられる各部材の許容応力度が定められた。阪神・淡路大震災（平成 7 年 1 月）などでも、新基準の効果が判明した

＜参考＞
1）小山富士雄：災害等に備えた化学物質の事故防止対策、平成 30 年度災害等に備えた化学物質の事故防止対策セミナー、2019
2）神戸市ホームページ：通電火災ってご存知？

土砂災害リスク

リスク分類 ▶ ①

後述する立山大鳶崩れ（常願寺川）では、白岩堰堤より上流に約2.7億m^3、下流の千寿ケ原までの区間に約1億m^3、下流の河口までに約3 600万m^3の合計4億m^3以上が堆積し、堆積深は上流で最大200 m、7 km下流でも50 m以上であった。こうした大量の土砂が人家に達すると、深刻な土砂災害を引き起こす。

全国には約21万箇所*の土砂災害危険箇所（広島県、兵庫県が多い）があり、危険箇所に約1 400万人が暮らしている。とくに急傾斜地崩壊危険箇所（以下「急傾斜地」）が11万箇所以上、土石流危険渓流が約9万箇所と多い（**表**）。昭和57

表　土砂災害危険箇所数（人家5戸以上）

	1　位	2　位	3　位	全国計
土石流危険渓流	広島県　5 607	兵庫県　4 310	長野県　4 027	89 518
地すべり危険箇所	長野県　1 241	長崎県　1 169	新潟県　860	11 288
急傾斜地崩壊危険箇所	広島県　6 410	兵庫県　5 557	長崎県　5 121	113 557

表　主要な土砂災害の概要

発生年月	災害名ほか	死者数	災　害　の　概　要
1792（寛政4）年5月	雲仙・眉山	約1.5万人 津波が多い	地震（M6クラス）により、1.1～4.8億m^3の土砂流出。崩壊土砂の有明海流入により、6～9 mの津波が発生
1858（安政5）年4月	立山大鳶（とんび）崩れ ：常願寺川（じょうがんじ）	地震を含めて 200～300人	飛越地震（M7.1）により、2.7～4.1億m^3の土砂流出。上流で最大200 m、下流で50 m以上の堆積深
1911（明治44）年	稗田（ひえだ）山崩れ（写真） ：姫川支川浦川 （長野県小谷（おだり）村）	26人	台風性豪雨により、1.5億m^3の土砂流出。安倍川の大谷（おおや）崩れ（1707年）、立山大鳶崩れとともに、日本三大崩れと称される
1947（昭和22）年9月	カスリーン台風	592人 水害全体で 1 930人	雨台風に伴う土石流などにより、群馬・赤城山などで592人死亡
1982（昭和57）年7月	長崎水害	262人 長崎市内の全体で299人	梅雨末期の集中豪雨（時間187 mm）により、土石流（死者167人）、がけ崩れ（95人）が発生。5回目の大雨・洪水警報の発令時に発災
2011（平成23）年9月	紀伊半島大水害	水害全体で 88人	台風12号に伴う約1億m^3の土砂流出により、17箇所の河道閉塞、3 270戸が全半壊。豪雨による最大の土砂流出は奈良・十津（とつ）川大水害（1889年）の約2億m^3である

注）表中のMはマグニチュードを表す

年7月の長崎水害では長崎市内の死者・行方不明者299人のうち、262人（土石流167人、急傾斜地95人）が土砂災害の犠牲者であった（**表**）。全国の土砂災害が水害に占める割合は、死者・行方不明者数は5～6割と多いが、被害額は5%程度である。

土砂災害のうち、土石流は14度（1/4の傾斜）以上の勾配で発生し、先端部に巨石を含んで、盛り上がって流下するのが特徴である。流下速度は速くて20 m/s（泥流）もあり、1件あたりの死者数は最も多い。3～10度の勾配で流動が停止する（**写真**）。県別の傾斜度を見ると、15度以上の割合が最大の高知県は85%もあり、全国平均の48%よりかなり多く、最小の千葉県（5%）の17倍である（**図**）。ちなみに、森林面積率も高知県が1位（83%）である。

地すべりは緩慢な土砂の動きで広範囲で発生することが多いが、高速地すべり

写真　稗田山の崩壊地形（1911年に崩壊）

出典）国土地理院ウェブサイト（https://www.gsi.go.jp/kikaku/tenkei_sonota.html）

写真　土石流による被災状況（平成26年8月豪雨：広島市安佐南区八木地区）

出典）中国地方整備局ホームページ（http://www.cgr.mlit.go.jp/hiroshima_seibu_sabo/pamphlet/pdf/pamph_disaster_201408.pdf）

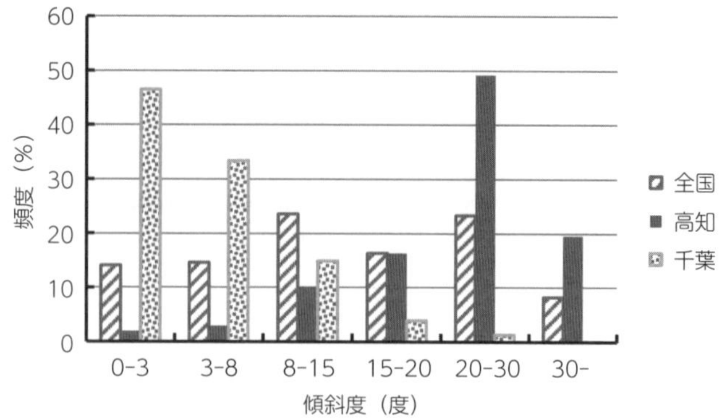

図　県別に見た傾斜度分布

出典）国土地理院の「国土数値情報」に基づいて作成

（阪神・淡路大震災（平成7年1月）など）もある。急傾斜地は30度（1/1.7の傾斜）以上の勾配で発生し、いったん発生した後は発生が減少する免疫性がある。土砂災害では勾配以外に土質（風化花崗岩、シラスなどの特殊土壌）、荒廃度（はげ山）、構造線・断層などが影響している。

土砂災害が発生しやすく、農業生産が困難な特殊土壌にはシラス・ボラ・コラ（南九州）、赤ホヤ（南九州、四国）、ヨナ（熊本、大分）などがあり、特殊土壌地帯の面積は全国の約15%を占め、約1 300万人が生活している。特殊土壌地帯の面積（%は県土面積に対する割合）が広いのは

・鹿児島県　7 948 km²（87%）
・宮 崎 県　7 735 km²（100%）
・高 知 県　7 105km²（100%）
・島 根 県　6 708km²（100%）

などで、西日本に多い。なお、ボラは軽石、コラは火山性砂礫で、それ以外は火山灰である。

土砂災害が発生する**前兆現象**としては、土石流は急激な水位低下、川の水が濁る、土臭いなどがある。地すべりは斜面のひび割れ、水が湧き出る、小石が落ちてくるなどがある。急傾斜地は地鳴り・山鳴り、斜面から水が噴きだすなどがある。豪雨に伴う土砂災害が多いが、地震に伴う土砂災害もあるので注意する。

土砂災害警戒情報（レベル4）は大雨警報（レベル3）が出された後に発表される。地盤の雨水飽和度を表す土壌雨量指数と60分間積算雨量のグラフで、過去の土砂災害発生時の雨量データを基にした土砂災害発生危険基準線（CL：Critical

Line）を2時間後に超えると予測されたときに発表される。この2時間は避難に要する時間である。

土砂災害警戒情報による災害捕捉率（発生件数に対する情報発表ありの割合）を高めるため、近年以下のような発表基準の見直しが進められている。

・降雨・地形・地質の地域特性を考慮し、市町単位を基本に分類する
・土壌雨量指数の下限値を地域ごとに設定する。その際、夕立等の短期降雨に伴い、土砂災害警戒情報を発表したが、土砂災害が発生していない降雨データにより、下限値を調整する

土砂災害は豪雨に伴って発生するが、地盤が雨水で飽和していると、その後のわずかな降雨で発生することがあるし、雨がやんでから発生することもある。したがって、豪雨がやんだ後も土砂災害には注意する必要がある。

対策工として共通するハード対策は緑化工、山腹工で、土石流は砂防堰堤、流路工、地すべりは排水トンネル（地下水排除工）、急傾斜地は擁壁（ようへき）工などがあるが、全体の施設の整備率は20～30％と低い。また、ソフト対策として、斜面近くで著しく危険な区域は土砂災害特別警戒区域（レッドゾーン）に指定され、開発行為に対する許可制が適用される。斜面近くで危険な土砂災害警戒区域（イエローゾーン）に指定されると、不動産業者は警戒区域に関する説明が義務付けられる。

＊ 人家5戸以上の危険箇所数で、人家がない渓流等を含めると約52万箇所ある

＜参考＞
1）町田洋：荒廃河川における侵蝕過程－常願寺川の場合、地理学評論、35巻4号、pp.161～164、地理学会、1962
2）奥田節夫：大規模な崩壊・氾濫災害に関する研究、昭和62年度特定研究研究成果、pp.59～60、1989

都市でも起こる土砂災害

リスク分類▶ ①

土砂災害と言えば、山中や農村部で発生するイメージがあるが、都市で発生することも多い。神奈川・逗子(ずし)市で斜面が崩れて、女子高生が死亡した事故（令和2年2月）はまだ記憶に新しいし、広島の土砂災害（平成26年8月、犠牲者74人）も政令指定都市で発生した災害である。都市部で土砂災害が発生すると、多数の建物が被災する点が農村部と大きく異なる。紀伊半島大水害（平成23年）では約1億 m^3 の大量の土砂流出があったが、広島（平成26年）では斜面付近に多数の家屋があり、約50万 m^3 で多数の犠牲者が発生した。

昭和に遡(さかのぼ)ると、昭和42年7月の六甲の土砂災害（死者・行方不明者92人）、昭和57年7月の長崎水害（土砂災害で262人）（**写真**）も都市部の傾斜地の住宅が巻き込まれた災害であった。長崎は土砂災害が発生しやすい地形であったが、大雨・洪水警報の発令にも課題があった。12日前からの4回にわたる警報発令時（多くて時間33mm）には被害は発生せず、5回目の発令時（時間187mm）に住民が対応しなかったために、被害が拡大した。

もっと遡れば、昭和13年7月の阪神大水害では、神戸市などで土石流災害が発生し、その様子は谷崎潤一郎の小説・細雪(ささめゆき)（初版：昭和19年）に描かれている。阪神大水害では、神戸市の全人口の72%が被災するなど、死者・行方不明者は715人（神戸市で616人）に及んだ。山地の森林は建材や燃料への利用のために伐採されてはげ山となり、脆(もろ)い風化花崗岩であったため、2727箇所で山崩れが発生した。

細雪のなかでは、「数十丈(じょう)（1丈＝3m）の深さの谷が土砂と巨岩のために跡形もなく埋まってしまった……（略）……数百貫（1貫＝3.75kg）もある大きな石……」とあり、大量の土砂が流下したことがわかる。なお、同地域は昭和42年7月豪雨でも、死者100人の大規模な水害（氾濫、土石流）が発生した。

傾斜度が15%（9度）以上にある人口集中地区（4千人/km^2以上）の面積・人口で見ると、面積順では

・1位　横浜市　47 km^2　368万人（**写真**）

・2位　長崎市　23 km^2　44万人

・3位　広島市　21 km^2　117万人

・4位　神戸市　20 km^2　154万人

・5位　北九州市　20 km^2　97万人

となっていて（読売新聞朝刊（2015.8.18））、人口集中地区の面積・人口ともに横浜市が圧倒的に多い。横浜市の6割を占める丘陵地は戦後の経済成長期に宅地化が進んだ。平成25年までの10年間に市内166箇所で、がけ崩れが発生したが、多くは土砂災害防止法（平成13年）で避難体制の整備が求められている土砂災害警戒区域であった。

写真　長崎水害での土砂災害（昭和57年）

出典）内閣府ホームページ（http://www.bousai.go.jp/kyoiku/kyokun/kyoukunnokeishou/rep/1982_nagasaki_gouu/index.html）

写真　横浜市神奈川区・羽沢地区の傾斜開発地

<参考>

1）末次忠司：事例からみた 水害リスクの減災力、pp.54～55、鹿島出版会、2016

2）末次忠司：水害から治水を考える－教訓から得られた水害減災論、pp.11～12、技報堂出版、2016

強風・突風リスク

リスク分類▶ ①

最大風速は10分間平均値であるのに対して、最大瞬間風速は瞬間値（3秒間平均）で、最大風速の1.5～2倍である。昭和34年9月の沖縄・宮古島台風のときの最大瞬間風速は秒速64.8m*で、島の約7割の住宅が壊れ、47人が死亡した。強風や突風が発生したら、窓ガラスとカーテンを閉めて、**窓から離れた、建物の中心ですごす**のが良い。ただし、大きな屋根や瓦が吹き飛ばされてくる（建物の中に飛び込んでくる）こともあるので注意する。

屋外にいるときは頑丈な建物に避難する。避難が間に合わない場合、風速が秒速40mを超えると人は飛ばされるので、飛ばされないよう、電柱やガードレールにつかまる。強風により、風速25m以上で人が転倒し、30m以上でトタン板などが飛び、35m以上で看板が落下してくるので、注意する。また、看板やカサなどが飛んで人や車に向かってくると、凶器となるので注意する。軽いビニール傘でも強風で飛ばされると、窓ガラスを簡単に破壊するぐらいの威力が出てくる。

飛来物で被害を受けた場合、飛来物の持ち主がわかれば、損害賠償を請求することができる。加害者から賠償を受けた場合、火災保険をあわせて受けることはできない。火災保険から補償を受ける場合、自動車保険とは異なり、保険を使っ

写真　宮古島台風（昭和34年）による被災状況

出典）沖縄県公文書館：写真が語る沖縄、第二宮古島台風コラ被害状況 宮古島

ても保険料は高くならない。

JR の電車は風速が秒速 20 ～ 25 m になると速度規制がかかり、秒速 25 m 以上で運航を停止する。新幹線は路線により異なるが、東海道新幹線では風速が秒速 20 m 以上で時速 170 km に制限され、秒速 25 m 以上で時速 70 km に制限される。道路では最大風速により、東名高速道路では最大風速が秒速 25 m 以上で通行止めとなり、東京湾アクアライン（川崎市～木更津（きさらず）市）では最大風速が秒速 20 m 以上で通行止めとなる。

台風などの強風により、海から塩分が飛んでくると、電線や植物などで塩害が発生し、火災となったり、植物が変色することがある。台風通過の 2、3 日後、乾燥してから火災が発生することもある。海から遠く（40 km）離れていても、台風の風に運ばれて植物の塩害が発生した事例があった。

＊ 観測史上 1 位の最大瞬間風速は宮古島で台風 18 号（第 2 宮古島台風：昭和 41 年 9 月）時に観測された秒速 85.3m である（富士山測候所を除く）

竜巻リスク

リスク分類▶ ①

竜巻は積乱雲に伴う上昇気流により発生する激しい渦巻で、前線や台風の影響があったり、大気の状態が不安定な7～11月に約7割が発生し、とくに積乱雲が発達しやすい台風シーズンの9月（24%）、10月（15%）が多い。年間で25個程度発生している。

竜巻襲来の0～1時間前に、竜巻注意情報は出されるが、竜巻警報や注意報は出されない。これは激しい突風の予測が難しいからである。なお、竜巻だけでなく、ダウンバースト（強い下降気流）やガストフロント（上昇気流を伴った小規模な前線）に対する注意情報も出される。

竜巻は突風の一種で、渦の直径は数十m～1km以上（ほとんどが160m以下）ある。被災地の延長はほとんどが5km以下で、最長で約50kmである。竜巻の移動速度は時速60km以下が多いが、なかには時速100km以上と速い竜巻もある。平成24年5月に茨城県つくば市で発生した竜巻は時速60kmで移動し、中学生1人が死亡、234棟の建物を全半壊させた（**写真**）。

この竜巻が発生する前に上空は真っ黒になった他、時間100mmの大雨（車で高速ワイパーを使っても前が見えにくい状態）となった。このように、竜巻の前兆現象は空が黒くなったり、急に大雨やひょうが降ることである。平成22年からは、気象庁により竜巻に対する警戒を呼び掛ける「竜巻発生確度ナウキャスト」の発表が始まった。1時間後までの予測（10分ごとに更新）で、確度2（的中率7～14%、捕捉率50～70%）と予測された場合、前述した竜巻注意情報が発表される。

気象庁以外に、日本気象のお天気ナビゲータの竜巻アラート（無料のアプリ）もある。気象庁情報を元に、竜巻発生の可能性を、

・ただいま竜巻発生の可能性

・1時間以内に竜巻発生の可能性

と表示する。発生可能性は高い、またはやや高いで表示される。情報をメールやツイッターなどで共有することもできる。

竜巻が発生すると、破壊物の破片やトタン板など、いろいろな物が巻き上げられ、飛んできた物（速い物で毎秒50m以上）で家や車が被害を受ける。竜巻は

線状に移動（**写真**）し、自分が巻き上げられる範囲に入りそうなときは、素早く避難する。運動会などで小さな竜巻が珍しくて撮影する人がいるが、テントや机が持ち上げられるぐらいの突風では、避難しないと被災する危険がある。

室内では壁に囲まれた**家の中心に避難**する。窓、ドアや壁から離れ、頑丈な机の下に入り、両腕で頭と首を守る姿勢をとる。屋外では頑丈な建物（竜巻に飛ばされる車庫やプレハブには避難しない）に避難する。建物がない場合は側溝や窪地の中、ブロック塀のうしろに身を隠し、通り過ぎるのを待つ。

写真　つくば市の竜巻被害（平成24年）

出典）気象庁ホームページ（https://www.jma.go.jp/jma/kishou/know/tenki_chuui/tenki_chuui_p5.html）

写真　北海道佐呂間（さろま）町（ちょう）の竜巻災害（平成18年11月）

注）写真の左下から右上へ被災家屋が分布している

出典）佐呂間町公式ホームページ：佐呂間町「若佐地区竜巻災害の記録」

雪リスク

リスク分類▶ ①

国土の51%が豪雪地帯の指定を受けていて、そこに人口の15%（約2千万人）が居住している。なかでも、青森市などは世界的な豪雪地帯で、1981～2010年の平均で6.69mも積雪していて、世界の人口10万人以上の都市のなかで最も積雪深が深い。

雪崩危険箇所は全国に約2万箇所あり、北海道（2 536箇所）、秋田県・岐阜県（1 630）に多い。雪崩危険箇所マップや雪崩ハザードマップが公表されている地域もあるので、危険箇所を確認しておく。こうした地域で**斜面勾配が30～45度**の場合や、木の生えていない場所、崖や岩肌から雪がはみだしている場所（**雪っぴ**）で、雪崩がよく発生する。

表層雪崩は1、2月の厳冬期に新雪の重みで発生し、時速100～200kmの高速ですべり落ちる。積雪深が1mだと3m以上の降雪にならないとすべらないが、積雪深が2.5mだと1mの降雪ですべる。表層雪崩は予測が難しく、規模が大きいと山麓から数km先まで雪崩が到達する。大正7（1918）年1月に新潟県三俣村（現湯沢町）で、大規模な表層雪崩が集落を飲み込み、158人がなくなった他、昭和61年1月に新潟・能生（のお）町で表層雪崩が発生し、13人の死者が発生した。

一方、全層雪崩（底雪崩とも言う）は気温が高くなった春先の融雪期に発生し、表層雪崩より遅い時速40～80kmですべり落ち、流下距離は表層雪崩より短い。全層雪崩は破壊力は大きいが、雪間に割れ目やしわが生じるなど、発生の前兆がわかりやすいため、表層雪崩より被害が少ない。昭和61年3月に山形県尾花沢市で発生した全層雪崩では、建物が押し潰され、2人が下敷きとなって、死亡した。

小さな雪の塊（スノーボール）（**写真**）が転がり落ちると、**雪崩の前兆現象**である。雪の張り出しも危険であるが、斜面のクラック、雪しわ（**写真**：雪がゆるんで、シワ状になったもの）なども雪崩の前兆現象である。

一方、道路では、風速が秒速10mを超えると、地面に降り積もった雪が地吹雪となり、車の周囲に急速に吹き溜まりを作り、車が立ち往生するようになる。立ち往生したら、外に出ないようにするが、マフラーが雪で埋まらないよう、マフラー周囲の除雪を行い、車内で一酸化炭素（色も臭いもない）中毒にならない

リスクの実態とリスクへの対策

よう気を付ける。

雪下ろしなどの除雪作業中の事故は多く、多雪の年には1 000件以上の事故が発生し、100人以上が亡くなっている（平成17年度「平成18年豪雪」が最多で152人)。死亡者は北海道、秋田、青森、新潟が多い。死亡者の約7割は65才以上の高齢者である。全体の原因は屋根の雪下ろしが最多（約4割）で、落雪や転落などもある。対策としては、

・安全帯・命綱をつける

・2人以上で作業する

・足場を確認する

などがある。

車や歩行者は積雪時に注意が必要である。道路は乾いたように見えても、アイスバーン（路面凍結）になっている場合があり、車がスリップする危険があるし、橋の上も路面が凍結していて、すべりやすい。曲がりながらの急加速や減速は避け、雪のわだちを乗り越えるときは不安定となるので、車線変更は少なくする。歩行者は歩道上の「けもの道（人が通ってできた道)」の傾斜面を歩くと危険であるし、歩道に雪が多く、道路に出てくる場合は車に注意する。横断歩道の白線（薄い氷の膜）はすべりやすい。また、屋根の下や軒下を通ると、落雪の危険があるので注意する。

東北・北陸地方では3～4月、北海道では4～5月に融雪出水が発生する。春一番が過ぎ日射が強くなり、南から暖風が吹き込んで気温が上昇し、雪が1日に20 cmも融けたりして、融雪出水となる。とくに豪雪が発生し、降雨量が多いと規模の大きな融雪出水が発生する。洪水流量はそれほど多くないが、台風などの

写真　雪崩の前兆現象（左：スノーボール、右：雪しわ）

出典）新潟県土木部砂防課：とってもあぶない「なだれ」の話

洪水（長くて2、3日）と違って、洪水継続時間が長い（1か月に及ぶこともある）のが特徴で、河岸の侵食などを引き起こす。

<参考>

1）　政府広報オンライン：最大で時速200kmものスピードに！ 雪崩から身を守るために

富士山に見る火山リスク

リスク分類 ▶ ②

富士山は下から先小御岳（活動期間：～ 20 万年前）、小御岳（～ 10 万年前）、古富士（10 万年前～）、新富士（1 万年前～）の 4 火山からなる（**図**）。1 万年前の現在の山頂から噴火が始まり、古富士を丸ごと覆った。このように富士山は噴火を重ねて成長した成層火山（円錐状火山）であるため、噴火による噴出物が表面の凹凸を修復しているから、きれいな形状となっている。

火山寿命は 50 万年以上が多い（例えば、箱根火山は約 50 万年）ので、富士山は若い。短期間で山が高くなったのは、3 プレート（ユーラシア、フィリピン海、北米プレート）が衝突している地域にあるからで、プレートの衝突に伴って、マグマが上昇し、マグマ供給量が多い。

火口は 70 個以上あり、最大は山頂*（直径 700 m）ではなく、中腹の宝永火口（直径 1 100 m）で、標高 2 693 m にある。富士山には側火山が多く、山頂噴火は 2200 年前が最後である。火山噴火は 3 200 年間で 100 回以上ある。最大は貞観噴火（864 ～ 866 年：平安時代）で噴出物は 14 億 m^3、2 位は宝永噴火（1707 年）で 7 億 m^3 で、2 億 m^3 以上の大規模噴火は 7 回あるが、大半は 200 万～ 2 000 万 m^3 である（**表**）。

表　富士山の主要な噴火史

噴火名等	発生年	噴火・被害の概要
溶岩噴出	9 000 ～ 11 000 年前	継続的に大量の溶岩を流出した。玄武岩質の溶岩は流動性が良く、最大 40 km も流れ、南側に流下した溶岩は駿河湾に達した
爆発的噴火	約 3 000 年前	縄文時代後期に、4 回の爆発的噴火が発生した、噴火に伴い、スコリア（鉄分の多い黒っぽいマグマが発泡しながら固まったもの）を噴出した
御殿場泥流	約 2 300 年前	東斜面で地震（原因は特定されていない）により大規模な山体崩壊が発生した。泥流が御殿場市から東へは足柄平野へ、南へは三島市を通って、駿河湾へ流下した
貞観大噴火	864 ～ 866 年（貞観 6 ～ 8 年）	北西斜面からの噴火により、大量の溶岩が流れ、西湖と精進湖に分断された。噴出物量は 14億m^3 であった。今の青木ケ原を構成している溶岩である
宝永大噴火	1707 年（宝永 4 年）	宝永地震後、南東山腹で大爆発を起こし、噴石、大量のスコリアと火山灰を降らせた（噴出物量は 7 億 m^3）。噴火後、洪水や土砂災害が継続的に発生した

出典）「富士市ホームページ：富士山の噴火史について」に加筆・修正

宝永噴火では、噴煙は高さ 15 km までのぼり、噴火は 16 日間続いた。宝永噴火の49日前にマグニチュード8.6の宝永地震（日本最大級：死者2万人以上）が発生した。このように、噴火前に地震が発生することがある。

ほとんどの火山は安山岩マグマであるが、富士山は玄武岩マグマである。安山岩は白っぽく、玄武岩は黒っぽい。噴火や地震に伴い、約5千年に1度の山体崩壊がある。2 900年前の山体崩壊では、古富士の山頂を含む東側の斜面が崩れた。それ以前は2つの山があった。

火山噴火に伴い、溶岩流、火砕流、土石流・泥流、噴石、火山灰（2 mm以下）の被害が発生する。富士山の溶岩は粘性が低いが、流下速度は人が歩く程度の速さである。火砕流は時速10～100 kmと速いが、発生するのは火口10 km範囲である。貞観噴火では溶岩が青木ケ原を作った。火砕流や溶岩流の流下方向は実際に噴火しないとわからないので、火山防災マップなどは目安とするが、実際の状況に対応した行動をとるようにする。

宝永噴火では溶岩流出はなかったが、火山灰が数百 km先まで到達し、山梨・静岡で50 cm以上、東京西部で10 cmの降灰であった。火山灰に伴うライフライン被害としては、電線の碍子（がいし）に細かい火山灰付着→ショート→停電、視界不良・停電・ショート→交通障害、火山灰→浄水施設でろ過できず→水道供給停止などがある。碍子とは電線を電柱などから絶縁する磁器製品である。

噴火の前兆現象の把握として、地形変化や地下水変化が調べられている。噴火の1週間以内に予知できる可能性がある。富士山火山防災マップには災害実績（溶岩流、岩屑なだれ）と災害想定（火口ができる範囲、噴火前に緊急避難する範囲）が示されている。

＊ 山頂は富士山本宮浅間大社（ほんぐうせんげん）（静岡・富士宮市）の私有地で、山梨・静岡の県境は未定である

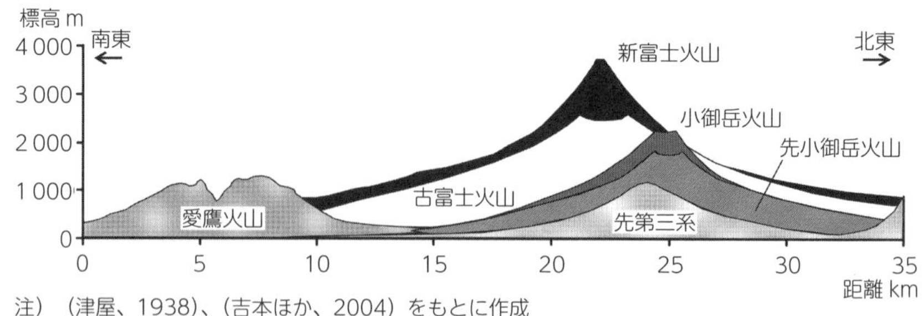

注）（津屋、1938）、（吉本ほか、2004）をもとに作成

図　富士山の成層構造

出典）内閣府ホームページ（http://www.bousai.go.jp/kyoiku/kyokun/kyoukunnokeishou/rep/1707_houei_fujisan_funka/index.html）

火災リスク

リスク分類▶③

火災は年間約4万件発生し、1～3月の冬場に多い。死者数は1 500～2 000人で、減少傾向にあり、とくに住宅火災は平成18年の住宅用火災警報器の設置義務化以降、発生件数、死者数（1 000～1 100人）とも減少している（**図**）。**火災原因の1位は放火**（約10%）、2位はたばこ、3位はコンロの順なので、火の始末に注意する必要がある。出火件数は都道府県では1位は東京、2位は大阪、3位は神奈川が多いが、人口あたりでは1位は高知、2位は佐賀、3位は宮崎が多い。

出火原因の1位は放火なので、家や庭の周囲に放火されそうな段ボールや新聞などを置かないようにする他、放火犯が行動を起こしやすい死角となる場所を作らない。また、たばこは吸殻の後始末をしっかり行い、寝たばこはけっしていない。コンセント周辺にホコリがたまっていると、発火する危険があるし、古い扇風機も長時間の使用で、劣化した部品や電気配線から発火する場合がある。屋内で出火すると、室内で燃えて上方に移りやすいカーテンの他、布張り家具や寝具などが燃えやすく、延焼が進んでいく。

一般的に建物内で火災が発生してから3分以内に天井に火が燃え移る。したがって、初期消火できるのは、火災発生後2分間である。小型消火器を置いておけば、初期消火に有効である（初期消火が成功すれば、死者数の半数が助かる）。**消火器は台所の隣の部屋**に置いておくのが良い。台所で火が広がると、台所の消火器は使えなくなる。小型消火器にはスプレータイプ（エアゾール式）と投げ込みタイプがある。現在消防法ではすべての住宅に住宅用火災警報器の設置が義務付けられている（設置しなくても罰則はない）。現在設置率は約80%である。

自宅は火災に強い耐火性建築（鉄筋コンクリート造、鉄網モルタルによる鉄骨造など）*とする。ガラスも網入りガラスにすると、防火対策となる。火災保険は火災、落雷、風災などに対応できるが、さらにさまざまなリスクに対する住宅総合保険があり、物の飛来、水漏れ、盗難、水災などにも対応できる。賃貸住宅では火災保険でも良いが、賃貸以外の物件や分譲マンションでは住宅総合保険が良い。

もらい火で火災になっても、法律では火元に弁償を要求できない（寝タバコや天ぷら油をかけたままの放置などの重大な失火は賠償責任がある）。しかし、もらい火の火災でも保険は出るし、消火活動に伴う水浸しも補償される。自動車保険とは異なり、火災保険を使っても保険料は上がらない。

店舗では設置が義務付けられている消火栓、スプリンクラー、火災報知器、煙感知機、ガス漏れ感知装置、防火ダンパー（排気ダクト入口付近）を必ず設置する。避難経路や階段に避難の妨げとなる荷物などを置かない。また、映画館、病院、百貨店などの建築物で、床面積や階層が規定を超えた特定建築物ではこれらに加えて、防火扉、防火シャッター、熱感知器、ドレンチャー（水幕）を設置する。

＊ 最近20年間で見ると、木造は40～50%とまだ多いが、鉄骨造は30%、鉄筋コンクリート造は20～30%建築されている。

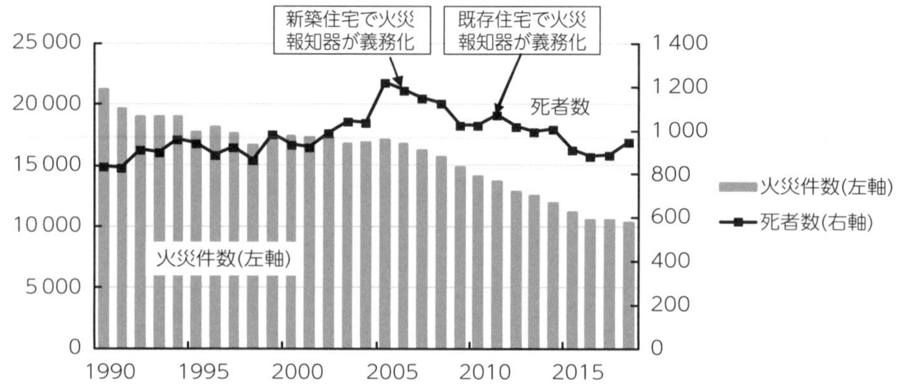

図　住宅火災発生件数・死者数
出典）消防庁「消防統計」に基づき作成

リスクの実態とリスクへの対策

交通事故リスク 1

リスク分類▶③

免許人口当たりの交通死亡事故発生件数でみると、75才以上の高齢者が9%と最も多いが、次に多いのは実は運転経歴の短い16～24才の7%である（**図**）。事故を起こすと、パニックになって、また別の事故を起こす場合があるので、とにかく一度**車を止めて冷静になる**ことが重要である。

高速道路などで逆走しないため、インターチェンジから高速道路に入るときや、サービスエリア（SA）やパーキングエリア（PA）から本線に戻るとき、入る方向や戻る方向を確認し、誘導する矢印に従う方向へ走行する。万一、逆走していることに気付いたら、いったん路肩に停車させ、走行する車がいないことを確かめて、Uターンする。

スマートフォンやラジオの操作などに気を取られると、注意力が散漫となって、車の運転に注意がいかなくなり、事故を起こしやすいので、運転中はなるべく操作せず、車を止めて操作するようにする。令和元年より、運転中のスマートフォン利用が厳罰化され、従来の3倍の罰金・減点となった。

あおり運転に対しては、相手の車が停車して、こちらの車を停車させようとしても、停車しないようにする。やむをえず停車した場合、窓を開けずに相手に対応し、必要に応じて相手の写真を撮っておく。あおり運転をされる原因は、周囲の車に比べて速度が遅い場合、高速道路の走行車線を遅い速度で走行している場合、無理な追い越しをした場合などであるので、あおり運転をされないよう、注意する。

あおり運転は自動車だけではなく、自転車によるあおり運転もある。車の前をわざと蛇行運転して、車の通行を妨害しようとしたり、自転車を車の前に置いて、進路妨害するなどの行為が見られる。令和2年6月末からは、改正道路交通法により、自転車のあおり運転も厳罰化され、妨害目的の幅寄せ、不必要な急ブレーキなどを含めて、危険を生じさせた場合、懲役5年以下、罰金100万円以下に処せられる。

車にドライブレコーダーがついていると、あおり運転をされた場合に証拠映像が得られる。事故にあったら、相手の車の色やナンバーを声に出してドライブレコーダーに録音する。ドライブレコーダーには前方のみ、前方と後方、全方位

360 度の 3 種類があり、普及率は 46%である。近畿地方で普及率が高く、20 代、60 代で普及が進んでいる。メモリーカードの容量にもよるが、常時録画タイプで約 50 分間、イベント記録タイプ*で約 10 分間の録画後は映像が上書きされる。

＊ イベント記録タイプとは衝突したり、急ブレーキをかけたり、車の周囲での不審な動きを検知すると、録画を開始するタイプである

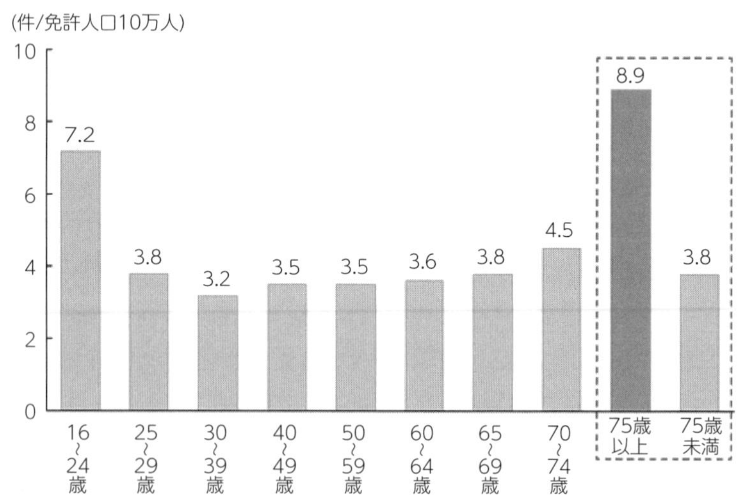

注）1　警察庁資料による。
　　2　平成28年12月末現在の免許人口10万人当たりで算出した数である。

図　免許人口 10 万人当たりの死亡事故発生件数

出典）内閣府ホームページ（https://www8.cao.go.jp/koutu/taisaku/h29kou_haku/zenbun/genkyo/feature/feature_01.html）

交通事故リスク２

リスク分類▶③

車を駐車させる際、アクセルとブレーキの踏み間違い事故がある。踏み間違い事故は年間７千件あり、75才以上の事故が多い。駐車場で車をバックさせるときに体を後方にねじる場合、**足が通常の位置よりずれる**ので、ブレーキを抑えていた右足がアクセルにかかって発進させることがあるので、注意する。

これに対して、踏み間違い防止装置（または急発進防止装置：後付けできる）があり、車両前後についたセンサーにより、壁などの障害物を検知*すると、加速を抑制するものであるが、自動停止はしないので、車内モニターに警告が出たら、運転手は素早くブレーキを踏む必要がある。車の購入にあたっては、装置の搭載車へのサポカー補助金制度（65才以上が対象）がある。

70才以上の運転者は高齢者マークをつけることが努力義務（違反点数や罰金はない）となっている。また、75才以上の高齢者は認知機能検査（約30分）を受講しなければならない。検査では、「イラストの記憶、現在の年月日と時刻（時計の針）を文字盤上に書く、数字の確認」の問題が出される（**図**）。検査結果の点数により、以下のように高齢者講習の時間等が変わってくる。検査ではイラストの記憶（手がかり再生）が重視され、点数は全体の約2/3と大きい。

・76点以上 →記憶力・判断力に心配なし（第３分類）→２時間講習

・49～75点→記憶力・判断力が少し低い（第２分類）→３時間講習

・48点以下 →記憶力・判断力が低い（第１分類） →専門医の診断

平成30年では第１分類が2.5%、第２分類が24.6%、第３分類が72.9%であった。経年的には認知機能が低いまたは少し低い第１・第２分類が減少、認知機能が問題ない第３分類が増加傾向にある。なお、信号無視等の違反（18種類）をした高齢者は、認知機能検査と同じ臨時認知機能検査を受けなければならない。検査で記憶力・判断力が低いという判定結果が出たら、さらに臨時適正検査を受ける必要がある。

高齢者による事故が多発し、運転免許証を自主返納する人が増えている。令和元年には約60万人（うち75才以上は35万人）が自主返納し、この数は10年前の約10倍である。なお、令和元年末での75才以上の免許保有者は583万人で、免許証に代わる本人確認書類の「運転経歴証明書」を受け取った人は約52万人なので、まだ運転を続けている高齢者も多数いる。

歩行者や二輪車に対しては、交差点で接触・衝突しないよう注意するが、とくに車で左折するとき、必ず後方から交差点に接近してくる二輪車がいないか確認する。

＊ 最近は前方に建物や車両などがなくても、停車中や時速 30 km 以下で走行中、アクセルを強く踏み込んだ場合に、加速を抑制する技術をトヨタが開発している

認知機能検査の内容（手がかり再生）

4 種類のイラストが記載されたボードを示しながら、「これは、にわとりです。これは、バラです。」と順次説明した上、「この中に鳥がいます。それは何ですか？」とそれぞれの回答を確認し、4 枚のボードで計 16 種類のイラストの記憶を促す。

認知機能検査の内容（時間の見当識）

現在の「年」、「月」、「日」、「曜日」及び「時間」を記載する。

質問	回答
今年は何年ですか？	年
今月は何月ですか？	月
今日は何日ですか？	日
今日は何曜日ですか？	曜日
今は何時何分ですか？	時　分

認知機能検査の内容（介入問題）

たくさんの数字が書かれた表に、指定された数字（例「1」と「4」）に斜線を引いていく。

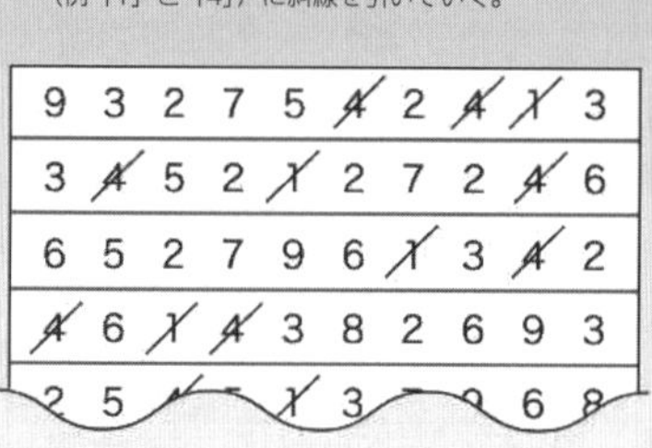

認知機能検査の内容（時間描画）

・白紙の問題用紙に時計の文字盤を描く。
・指定した時間（例「11 時 10 分」）を示すように時計の針を描く。

図　認知機能検査

作業車・バスの事故

リスク分類▶ ③

最近作業車やバスなどの大型車の事故が多く、最近の事例を示せば以下の通りである。大型のため、衝突事故などを起こせば、大事故となる可能性が高い。事業用貨物自動車で見れば、保有車両数は横ばいであるが、事故件数は年間 1.8 ～ 2 万件で減少傾向にある。うち総重量 11 トン以上の大型貨物の事故件数は 7 ～ 8 千件である。

- 平成 24 年 4 月：ツアーバスが高速道路（関越自動車道：群馬・藤岡市）の防音壁に衝突し、乗客 7 人が死亡、39 人が重軽傷という大きな事故が発生した。ガードレールと防音壁の間に 10 cm ほどの隙間があり、バスが衝突して防音壁がバスに突き刺さったように、車体が 10.5 m にわたってめりこんだ。格安バスツアーで、過労運転のためか、運転手は居眠り運転をしていたと思われる
- 平成 28 年 1 月：スキーバスが長野・軽井沢町の国道 18 号碓氷（うすい）バイパスの入山峠付近で、大型観光バスが道路脇に転落して、乗客 13 人（全員大学生）、交替要員を含む運転手 2 人が死亡した（**写真**）。原因は運転手による速度の出しすぎ（制限速度の約 2 倍）で、左側のガードレールに接触した後、対向車線へはみ出し、右側のガードレールをなぎ倒し、道路脇に転落した
- 平成 30 年 10 月：新潟・長岡市でトレーラーに搭載されていたクレーンが折りたたまれていないままで、歩道橋に衝突し、歩道橋が崩落した。同様の事故が平成 30 年 6 月に福岡・糸島市でも発生した。トラックの荷台を上げたままの事故も含めて、同様の事故が多数発生している
- 令和元年 12 月：宮城・塩釜市で、41 トンの大型クレーン車が横転する事故があった。大型クレーン車はホームセンターの新築工事現場で使われていたもので、横転したため、車数台が下敷きとなり、おしつぶされ、作業前でワゴン車に待機していた 4 人のうちの 1 人が死亡し、5 人が重軽傷となった。横転した原因は不明である。他にクレーン車が風により横転する事故もよく見られる

関越自動車道のツアーバス事故を受けて、交替運転手の配置基準（運転時間は 1 運行で 9 時間以内とする）などが改正された。また、軽井沢スキーバス事故を

受けて、運転手に対する指導監督が厳しくなり、運転手の安全運転実技の強化が図られた。

営業車以外の白バス（ナンバーが白）や、格安バスツアーを行っている会社は、運行体制が不十分であったり、運転手教育・管理などがしっかり行われていない場合があるので、旅行などの予約にあたっては、十分注意する必要がある。

写真　軽井沢スキーバス事故（国道 18 号：平成 28 年）

出典）内閣府ホームページ（https://www8.cao.go.jp/koutu/taisaku/h30kou_haku/gaiyo/topics/topic12.html）

子供のリスク（犯罪以外）

リスク分類 ▶ ③

子どもは大人と違って、あまり考えずに突発的に行動することがあるので、要注意である。子供の事故が発生すると、「大人が目を離したから」とよく言われる。しかし、子供の動きは思ったより速く、産業技術総合研究所の解析によると、0 ～ 4 才の子供が体勢を崩して転倒するまでは 0.5 ～ 0.6 秒、50 cm の高さから床に転落するのはわずか 0.3 秒である。

また、家のなかにある何げない物でケガをしたり、お風呂でおぼれることもある。消費者庁の調査では、14 才以下の子供を持つ親の 24％が家の中での子供の事故やヒヤリ・ハットを経験し、とくに台所が多く、リビング、階段、浴室・洗面所、寝室と続いた。以下には子供に関して注意すべきリスクとリスク対策について列挙した。

＜ケガ＞

・ナイフや包丁でケガをする→手の届く所に置かない

・イスやテーブルにぶつかって、ケガをする→角にはクッション材などををつけておく

・つまづいて転んでケガをする→なるべく段差は作らない

＜飲み込み＞

・タバコや毒性のある物を飲み込む→手の届く所に置かず、しまっておく。万一飲んで、中毒症状になった場合、日本中毒情報センター＜巻末の付録＞、または関連病院に電話する

・小さなおもちゃなどを飲み込んで、せきこむ→下を向かせて、背中をたたいて吐き出させる

＜その他＞

・ベランダに置いた台などに乗って、下に転落する→台などを置かない、またはフェンスから離す

・浴槽での水遊びで溺れる→必ず親が見ておく

・車道に飛び出て、車にひかれる→飛び出ないよう、親がよく見ておいたり、注意する

・赤ちゃんがうつぶせ寝で窒息する→あお向けで寝かせる、敷ふとんをあまり

柔らかくしない

＜参考＞

1） 読売新聞朝刊（2020.8.6）：ベランダ、階段…あっという間 起きる事故

血液不足リスク

リスク分類▶③

献血は事故や災害で出血した人に輸血するのに大量に使われていると思っている人が多いが、実はガンや白血病などの病気対応（80%）が多い。したがって、血液が不足すると、病気の治療ができなくなるリスクがある。新型コロナウイルスの影響により、2020年2月末で献血者は約6千人減少し、献血計画に対して87%の献血者となった。海外では2017年に195か国中119か国で血液が不足した。とくに南スーダンやインドなどで不足が深刻であった。

献血（採血時間）には200 mL献血（約15分）、400 mL献血（約15分）、成分献血（40～90分）がある。献血者の内訳は400 mL献血が約7割、成分献血が約3割である。成分献血では400 mL以下の血液を採取し、血液から遠心分離機で必要な成分（血小板か血漿（けっしょう））*1を取り出し、体内で回復に時間のかかる赤血球はふたたび体内に戻す。体への負担は少ないが、献血者の体内に赤血球を戻すのに、採血と返血を何度か繰り返すため、時間を要する。

輸血用血液製剤は少ない人数の献血でまかなわれるほど、輸血後の副作用（発熱、発疹など）は少ないので、400 mL献血や成分献血が推奨されている。また、平成30年以降、神経系の病気の治療に用いられる免疫グロブリン製剤の必要性が急激に高まり、成分献血（血漿）の需要が増えている。免疫グロブリン製剤は血漿から水分などを取り除いたたんぱく質を用いて作られる。ちなみに、献血の約半分がクスリの原料となっている。

年間約500万人が献血し、約120万人に輸血されている。献血者は男性73%で、10代、20代が少ない。献血ルーム（120箇所）50%に次いで、企業などでの団体献血（献血バス約280台）40%が多い。輸血用血液製剤は長期保存できない（血小板4日間、赤血球21日間）、また人工的に作れないため、寒い2月や暑い8月に献血が少なくなり、不足気味である。30才未満の献血者は過去20年間で半分以下と少なくなった。

献血できるのは16～69才*2で、400 mL献血は男性17～69才、女性18～69才で、成分献血は18～69才である。体重制限もあり、400 mL献血では50 kg以上、それ以外では男性45 kg以上、女性40 kg以上が必要である。血液比重（ヘモグロビン濃度）が低いなどの理由で献血できなかった人も12%ほどいる。1年間にできる献血回数には上限があり、400 mL 献血で男性 3 回、女性 2 回である（200 mL 献血ではこの 2 倍、血小板成分献血では 24 回）。10 回、30 回、50 回などの献血で、ガラス器が贈呈される。輸血歴、臓器移植歴がある人はウイルス感染の可能性があるため、献血できない。

献血後は飲み物などで水分補給を行うとともに、10 分以上（30 分ぐらい）の休憩をとるようにするのが良い。献血は日本赤十字が行っているが、献血の他に病院、災害救護、救急講習、ボランティア活動なども行っている。

献血の際の採血を用いて、生化学検査や血球計数検査が行われ、後日結果が郵送されてくる。検査結果を例示すると、以下の通りである。

＜生化学検査＞

- ALT（GPT）：肝臓に多く含まれる酵素で、急性肝炎で上昇する
- γ－GTP：黄疸（おうだん）、肝炎、アルコール性肝障害などで上昇する
- コレステロール（CHOL）：脂肪の多い食事で上昇する

＜血球計数検査＞

- 白血球数（WBC）：細菌感染症があると増加する
- 血小板数（PLT）：減少すると出血しやすい

＊1 血小板は止血や免疫反応の役割があり、血漿は血液から血球・血小板を除いた成分（血液の約半分の量）で、浸透圧を一定に保つなどの役割がある

＊2 65 ～ 69 才の人は、60 ～ 64 才で献血の経験がある人に限って、献血できる

食中毒リスク

リスク分類 ▶ ③

平成30年で見ると、食中毒は約1 300件発生し、患者数は約1.7万人で、3人（平成28年は14人）が亡くなった。件数、患者数とも減少傾向にある。原因食品は肉類およびその加工品が19%と多く、次いで魚介類（貝類やふぐ以外）が9%である。施設別でみると、飲食店・旅館が57%と多く、次いで家庭が12%である。

患者数が500人以上の事例を見ると、

・平成30年6月（京都市）621人：調理して提供された食事にウェルシュ菌（細菌）

・平成30年12月（広島市）550人：製造された給食弁当にノロウイルス

などがあった。ウェルシュ菌は河川や土壌中にもいるが、とくに牛・鶏・魚が保菌していることが多く、カレーなどは通常の加熱では菌は死滅しない。

食中毒を起こす原因は微生物、化学物質、自然毒、原虫、寄生虫に分類される（**図**）。微生物は更に細菌性、ウイルス性に分けられる。細菌性食中毒が全体の

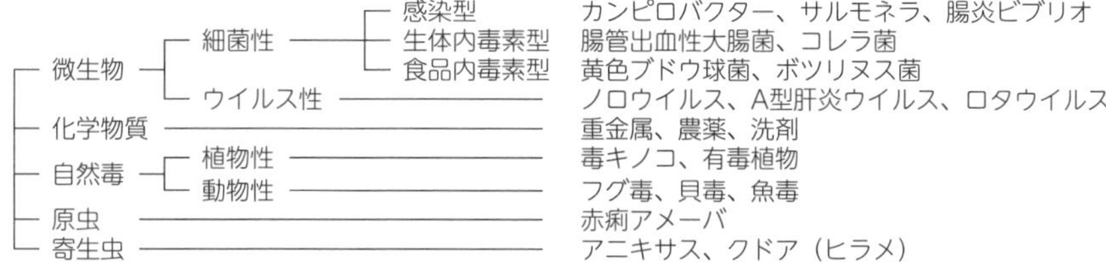

図　食中毒の原因分類

表　食中毒菌の潜伏期間、含まれている食品等

タイプ	菌または毒	潜伏期間	含まれている食品等
感染型	カンピロバクター	2～3日	鶏肉、井戸水
	サルモネラ	8～48時間	食肉、鶏卵、うなぎ
	腸炎ビブリオ	6～12時間	海産生鮮魚介類
生体内毒素型	腸管出血性大腸菌	12～60時間	牛肉、ハンバーガー
食品内毒素型	黄色ブドウ球菌	1～5時間	おにぎり、弁当
	ボツリヌス菌	8～36時間	缶詰、魚のくん製
ウイルス性	ノロウイルス	1～2日	調理人による食物汚染
動物性（自然毒）	フグ毒	5～45分	―
	貝毒	30分～数時間	ホタテ、アサリ、カキ

70～90%を占め、感染型、生体内毒素型、食品内毒素型に分類される。感染型（腸炎ビブリオ、サルモネラ菌）と毒素型（黄色ブドウ球菌、ボツリヌス菌）があり、感染型は発症まで早い。感染型食中毒の原因となる**カンピロバクター**（**写真**）が食中毒の5～6割と最も多い。潜伏期間は短いもの（フグ毒）から、長いもの（カンピロバクター、腸管出血性大腸菌）まで、さまざまである（**表**）。

主に夏に見られる細菌性食中毒では、下痢で発症し、とくに腸管出血性大腸菌による食中毒は重症となる。主に冬に見られるウイルス性食中毒では、最初嘔吐（おうと）で始まり、下痢、腹痛などが起きる。他にアニキサスなどの寄生虫感染症などがある。

細菌性食中毒は時間がたったものを食べたり、肉・魚についた菌が原因で発症する。ウイルス性食中毒は感染した人の手指（しゅし）などを介した飲食物が原因で、ウイルス性食中毒で最多の食中毒（感染症もある）はノロウイルス（**写真**）によるものである。ノロウイルスは接触または飛沫感染する（**図**）。患者が嘔吐すると広範囲に飛び散るので、近くの人を移動させ、換気するとともに、消毒液（次亜塩素酸ナトリウム）をかけて汚物を回収する。

対策としては、細菌性食中毒では肉・魚に残さや汚れをつけない、また低い温度で管理する必要がある。ウイルス性食中毒では加熱調理（85～90度で90秒以上）を行うことである。寄生虫感染症では加熱調理（75度で1分間以上）を行うとともに、刺身などは冷凍・解凍後のものを用いる。共通した対策としては、**手指や調理器具などを清潔に保つ**ことである。

食中毒を起こした店は3日間の営業停止処分を受けるが、悪質であれば無期限の営業停止処分となる。最近は情報がSNSで拡散され、影響が非常に大きい。また、食中毒を発症したお客さんへの補償も必要となる。これらに対しては、生産物賠償責任保険（通称PL保険）があり、被害などを補償してくれる。

＊ 細菌は生物自身で増殖するが、ウイルス（大きさは細菌のおよそ1/10～1/100）は生物ではないので、生物に寄生して増殖する

＜参考＞
1） 厚生労働省ホームページ：食中毒

リスクの実態とリスクへの対策

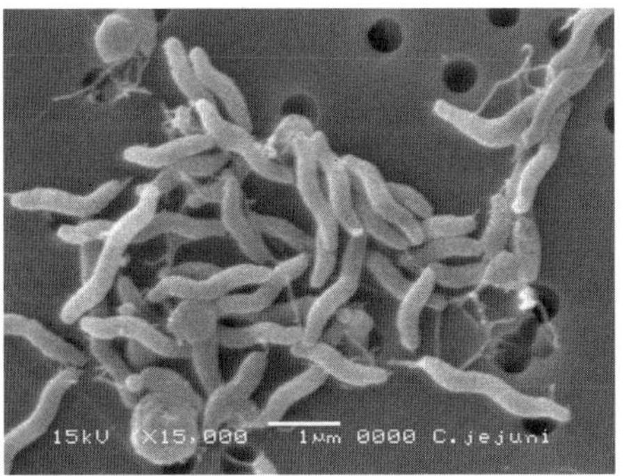

写真　カンピロバクター

注）1 μm は千分の 1 mm

出典）内閣府食品安全委員会ホームページ（https://www.fsc.go.jp/sonota/shokutyudoku.data/02_campylo.pdf）

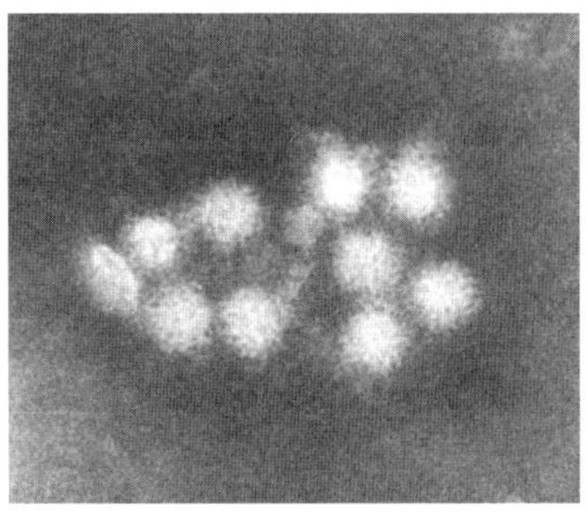

図　ノロウイルス

注）10 nm は 10 万分の 1 mm

出典）国立感染症研究所ホームページ（https://www.niid.go.jp/niid/ja/encycropedia/392-encyclopedia/452-norovirus-intro.html）pdf）

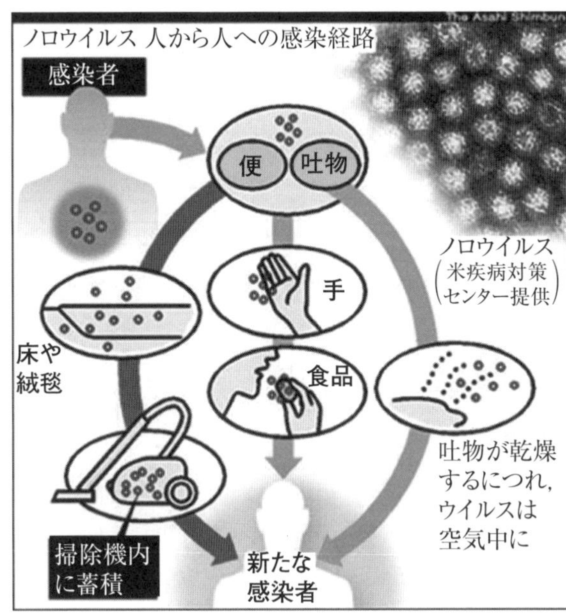

図　ノロウイルスの感染経路

出典）室内環境学会微生物分科会編：室内環境における微生物対策、p.34、技報堂出版

体力低下リスク

リスク分類▶③

体力が低下すると、交通事故や転倒事故にあったり、寿命が短くなったりするリスクがある。体力には性差や個人差があるが、体が出来上がるのは男性24才、女性21才で、成長のピークは男性32才、女性28才である。この年齢をすぎると、体力、筋力などが衰えてくる。

体の衰え方は男性が8の倍数、女性は7の倍数の年齢で傾向が見られる（**表**）。表では老化のターニングポイントと言われる男性40才、女性35才以降の主要な衰え現象を示した。表以外では、50才台で階段の踏みはずしがあったり、わずかな段差（台所のフロアマットでも）でも足が引っかかる。60才台になると、判断力の低下もあって、道路の横断や駐車場で、車をよけるなどの反応が鈍くなってくる。

表　男女の年齢ごとの主要な衰え現象

性別	年令	老化現象	性別	年令	老化現象
男性	40	体力にかげりが見え始める 髪の毛が抜け始める	女性	35	顔の色つやにかげりが出てくる 毛髪やほほのなりなどに衰え
	48	肉体的に衰えが始まり、活動力が低下する。しわや白髪が目立つ		42	顔がやつれ、白髪が混じり始める
	56	筋肉の活動が自由でなくなり、運動能力が落ちる		49	肉体的にも衰え始め、閉経を迎える
	64	五臓六腑をはじめ、身体的に衰え			

＊五臓とは肝臓、心臓、脾(ひ)臓、肺、腎臓で、六腑とは胆、小腸、大腸、膀胱、三焦(さんしょう)（三焦は実態のない臓器）である

また、歳をとると、同じような食事でも太りやすくなったり、筋肉量が落ちてきて代謝が低下してくる。筋肉は60才から急激に減少する（男性の減少率が大きい）。ただし、半分生まれ変わるのに、関節が117年、骨が7年かかるのに対して、筋肉は48日と短期間で生まれ変わる。したがって、しっかり運動したり、食事をとると、回復することができる。食事ではたんぱく質を多く含む肉や魚が良い。

体力低下に対する対策としては、全般的には体を動かすことが必要で、体を動かすと筋肉を使い、血行が良くなる。血行が良くなると、必要な栄養や酸素を体全体にまで行き届かせる。心肺持久力や筋肉の柔軟性も必要で、心肺持久力は徒

歩15分の範囲で良いのでウォーキングやジョギングを行い、その後、筋肉をゆっくり伸ばすストレッチを行う。筋肉の柔軟性のためには、入浴後や寝る前に、ストレッチを行う。寝つきも良くなる。

下半身を鍛えることも重要*で、基礎代謝（生命活動に必要なエネルギー）を上げることにつながる。階段の上り下りは省エネと健康増進になり、平らな所を歩くより3倍の運動量となる。「2UP 3DOWN」と言われるように、階段を使って2階まで上り、3階からは歩いて降りるようにする。足の裏に体重をしっかりかけ、一段飛ばしも良い。

50才台以降で見られる階段の踏みはずしやわずかな段差での引っかかりに対しては、畳や床の上にひもなどで平行に2本の線（1歩の間隔で）を引く。まず、手前の線に両足をそろえて置き、1歩を前の線にあわせるように踏み出す。他方の足も同様に踏み出す。このとき、線からずれるほど、足を動かす感覚が衰えている証拠であるので、繰り返し行って、ずれないようにトレーニングする。このトレーニングにより、下半身センサーの働きが良くなる。

運動は1週間に1回ランニングなどのハードな運動を行うのではなく、毎日継続的に軽い運動（ウォーキングやラジオ体操で良い）と少しハードな運動（立ち走り）を組み合わせて行う方が良い。

＊ 筋肉の約7割が下半身にあり、とくにお尻の「大殿(だいでん)筋」、太ももの「大腿(だいたい)筋」、ふくらはぎの「腓腹(ひふく)筋」を鍛える必要がある

＜参考＞
1） ヘルスUP　日経Goodday30+ホームページ

危険生物リスク

リスク分類 ▶ ③

人間を殺害する生き物は（1 位）蚊が 73 万人、（2 位）人間が 45 万人*、（3 位）ヘビが 5 万人で、実に人間が 2 位に位置する。蚊のマラリアで死亡した約 9 割の人がサハラ以南のアフリカ諸国である。危険生物のうち、**スズメバチ**に出会ったら、**静かにしゃがむ**と視野が狭いので、視界からはずれることがある。もし刺されたら、傷口を強く絞り、毒液を体内から外に出す。

スズメバチは雨風をしのぐために、家の屋根裏（軒下が多い）などに巣を作る場合があるので、長梅雨の年は要注意である。巣は 5 月頃から作られ、8 ～ 10 月が活動の最盛期となるので、夏以降が危険な時期となる。

毒ヘビにかまれたら、救急車の到着まで傷口を清潔にし、**かまれた場所を心臓より低い位置で固定**して、毒のまわりを遅くする。かまれた後に安静にしておくことも毒の拡散を遅らせる。体内に毒が入ると、即座に体の組織中に広がるため、テレビで見るように吸い出して除去することは不可能である。また、ヒアリ（**写真**）に刺されたら、火傷のような激しい痛みを感じるとともに、アレルギー反応（アナフィラキシー・ショック）を引き起こす場合がある。毒針にはアルカロイド系の猛毒がある。症状が悪化したら、病院で診察を受ける。ヒアリは船のコンテナで中国などから運ばれるので、港のある地域で要注意である。

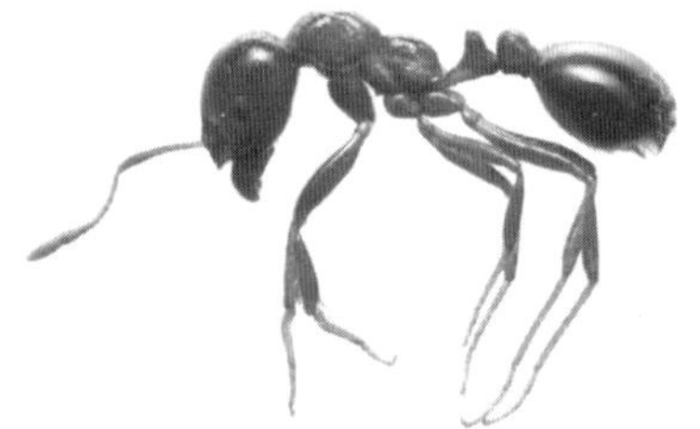

写真　ヒアリ（体長 3 ～ 6mm）
出典）環境省ホームページ（http://www.env.go.jp/nature/intro/2outline/attention/file/106354.pdf）

アナフィラキシーとは短時間（5 ～ 30 分）で出る全身アレルギーで、例えばハチに初めて刺されたときは、アナフィラキシーを含めたアレルギー反応は起こらなくても、2 回目以降はアナフィラキシーを発症することがある。最も多いのはじんましん、かゆみであるが、血圧低下や呼吸困難が起きれば、すぐに救急車を呼ぶ必要がある。

アナフィラキシーの原因は多い順に食べ物（卵、牛乳、そば、エビ）、昆虫（ハチの毒）、薬（アスピリン）などである。ハチに刺されて、年間20人ほどがなくなっている。他に、クラゲに刺されると、吐き気、呼吸困難、腹痛などのアナフィラキシー症状が出る場合がある。速く触手を抜いて、海水で洗い流す。応急措置が済んだら、医療機関で診察を受ける。猛毒ではないが、リスの歯にも毒があるので、注意する。

危険ではないが、建物などに悪影響を及ぼすシロアリがいる。シロアリには白っぽいシロアリの他に、黒っぽい羽アリのようなシロアリもいる。アリとは食性や生態が異なり、どちらかというとゴキブリに近い。シロアリは太陽の光を嫌うため、人目につかない所に生息し、畳や床の下など、目につきにくい箇所が被害にあう。木材の中を食べるため、柱や壁などはフカフカとなる。

＊ 戦死者数だけ見ても、第一次世界大戦（1914 ～ 18）で853万人（ドイツ177万人、ロシア170万人）、第二次世界大戦（1939 ～ 45）で5 683万人（ソ連2 060万人、中国1 321万人）、イラク戦争（2003 ～ 2011）で50 ～ 65万人などであった

＜参考＞
1） 今泉忠明：身近な危険生物対応マニュアル、p.99、実業之日本社、2015

動物によるリスク

リスク分類▶③

クマには警告するよう、鈴などで音を鳴らして歩く。もし出会ったら、背中を見せずに、走らないで少しずつクマから離れる（逃げるものを追う本性がある）。短距離では時速50kmで突進するほど、動きは速い。襲ってきたら、なたやカバンなどで、どこでもよいから叩く。

サルは9月頃、発情期で攻撃性が高くなり、各地で被害が増える。平成22年8月、静岡県裾野(すその)市・三島市で50人以上がサルにかまれたり、ひっかかれた。年配の女性や幼児が背後から脚にしがみつかれたり、かまれた。対策としては

・サルの目を見ない（目を見ると、威嚇(いかく)されていると思う）

・荷物を手から離す（荷物にエサが入っていると思っている）

・大声を出したり、走って逃げない

ことが大事である。

シカは愛らしい動物だと思う人もいるかもしれないが、動物のなかで**最も森林被害が多く**、被害面積59km²の72%（平成30年度）を占める。次がネズミの12%なので、いかに多いかがわかる。シカは枝葉の食害や剥皮(はくひ)被害が多く、シカの口の届く高さの枝葉や植生がほとんど消失したり、土壌流出にも影響している。奈良公園では観光客が少なくなると、エサが少なくなり、エサを持った観光客に襲いかかる狂暴なシカもいる。

イノシシはエサがなくなると、集落に降りてきて農作物を食い荒らしたり、人を見て突進してくる。しかも、一度でなく何度も繰り返し突進してくることがある。シカやイノシシなどの害獣対策としては、農地周辺に電熱の鉄線を張って対応する。

犬もロットワイヤー（噛む力が120kg）やドーベルマンのような凶暴な犬にかまれて、死亡する子供やケガをする大人がいる。犬が凶暴化する理由は

・身体のどこかに痛みがあるとき

・食べ物を自分で仕留めたく、また誰かに取られたくないとき

・遊んでいるうちに興奮が止まらなくなったとき

などである。また、睡眠中・食事中の犬、子犬の世話をしている犬には近づかないようにする。犬に襲われない対策としては

・近寄ってきても、大声を出さず、じっとして動かず、目をあわせない
・犬との間に防御壁となる大きなバッグなどを置く
・群れのリーダーは正面からくるので、棒や石をリーダー目がけて投げつける
・車の上、トラックの荷台などの地面より高い所へ逃げる用意をする。犬が立ち去れば、ゆっくり退散する

などがある。犬にかまれると、感染症（狂犬病）になる可能性が高いので、傷を早く石鹸水で洗う。狂犬病（犬が多いが､ネコやコウモリも含まれる）になると、錯乱・幻覚などの脳炎症状を呈し、最悪呼吸停止で死亡する感染症で、致死率はほぼ100％である。狂犬病では世界で年間約５万人の死者が出ている。

海外旅行リスク

リスク分類 ▶ ③

海外旅行者（出国者数：約 1 800 万人）の 3.4％は何らかの事故に遭遇している。外務省の海外安全ホームページを見れば、渡航先の安全度を確認することができる。安全度は

- ・レベル 4：退避してください。渡航は止めてください（退避勧告）
- ・レベル 3：渡航は止めてください（渡航中止勧告）
- ・レベル 2：不要不急の渡航は止めてください
- ・レベル 1：十分注意してください

と 4 段階レベルで表示されている。レベルは治安状況（内紛、テロ）、政治社会情勢などを勘案して定められている。レベル 4 の国は（アジア）アフガニスタン、シリア、イラク、イエメン、（アフリカ）リビア、マリ、ニジェール、中央アフリカ、南スーダン、ソマリアなどである。

現在各国に新型コロナウイルス関連の警戒情報が出されているが、これ以外の危険情報もあり、例えば、アフガニスタンではイスラム主義組織・タリバーンによるテロ、襲撃が多発している。また、シリアでは武力衝突テロ、凶悪犯罪が多発しているため、渡航するのは非常に危険な状況であり、レベル 4 となっている。

海外トラブルを在外公館の援護件数などでみると、平成 19 年以降援護件数・人数は増加傾向にある。被害で最多は**窃盗（約 8 割）**で、詐欺、強盗が続く。海外での死者数は約 500 人で、原因は疾病（しっぺい）等が多い。

旅行中での可能性は低いが、アメリカなどでは銃乱射事件が多いので注意する。最近で見ても、以下の**表**のように、多数の犠牲者が学校などで発生している。ラスベガスでは、ホテルの部屋から銃を乱射したもので、観光客も被害にあう危険性がある。

表　アメリカでの主な銃乱射事件

発生年月	場　　所	死者数
2007 年 4 月	バージニア工科大学（バージニア州）	33 人
2012 年 12 月	サンディフック小学校（コネチカット州）	26 人
2016 年 6 月	オーランド（フロリダ州）	50 人
2017 年 10 月	ラスベガス（ネバダ州）	58 人

海外旅行では財布・カメラ・スマートフォンなどの盗難やひったくり、ケガや病気などがある。ケガや病気は全額自己負担であるが、帰国後申請すると一部は戻ってくる。旅行傷害保険に入っていると、他人や物への損害に対する賠償責任、持ち物の破損や盗難などの損害が補償される。歯の治療や妊娠・出産には適用されない。クレジットカードに補償が付帯されているものもあるが、カードで旅行代金を支払うことが条件となっている場合もある。

他に飛行機での移動で、荷物が紛失したり、到着が遅れるリスクもある。荷物の遅延に対しては、手荷物事故報告書を作成してもらう。見舞金程度の補償はある。荷物の紛失に対しては、携行品損害補償の対象となるので、荷物１個につき10万円を上限に補償がある。クレジットカードによっては、荷物の紛失に対する補償がついている場合がある。例えば、三井住友カード（プラチナカード）の場合、航空便の遅延や欠航だけでなく、荷物の遅延や紛失などによって負担した一定費用を補償する「航空便遅延保険（海外・国内）」が付帯している。

化学物質テロ・リスク

リスク分類▶ ③

サリンのような**毒物**が体や服にかかったと思ったら、恥ずかしがらずに、**すぐに服を全部脱ぐ**ことが大切である。サリンは猛毒（毒性は青酸カリの約500倍）の有機リン化合物で、神経ガスの一種で無色無臭である。最短、数分で症状が現れ、呼吸器系だけでなく、皮膚からも吸収され、けいれん、呼吸困難、血圧低下、嘔吐、意識障害を起こす。

平成7年3月にオウム真理教（会員が5万人いた：日本人よりロシア人が多い*1）が官公庁通勤のピークを狙って、営団地下鉄の丸ノ内線・日比谷線など計5編成の地下鉄（すべて霞ヶ関駅を通る：警視庁のおひざ元を狙った）の駅にサリンを散布し、乗客・駅員ら13人が死亡、約6 300人が負傷した事件があった（**写真**）。事件の首謀者である麻原彰晃（しょうこう）（本名：松本智津夫（ちづお））死刑囚ら13人は平成30年に死刑執行された。

写真　地下鉄サリン事件（平成７年）の様子
警察庁ウェブサイト（https://www.npa.go.jp/archive/keibi/syouten/syouten269/sec02/sec02_09.htm）

シリアやイラクでは塩素ガスやマスタードガス*2を用いた化学テロが実行された。実行したのはISIL（イラクとシリアにまたがるイスラム過激派組織）で、オウム真理教に次いで、化学兵器を製造した2例目の集団である。他にテロ計画者がドイツ（リシンを製造したチュニジア人）、イタリア（有毒物質を水道管に混入することを計画したレバノン人）で逮捕された。リシンは原材料はトラゴマである。

対策としては、サリンは水と反応させて、加水分解する方法がある。衣服を脱ぎ、洗眼や体の洗い流しをする。ガスなどに対処するにはガスマスクや化学防護服などがある。また、毒物を検知するキットが販売されているし、原始的だが毒物に敏感なカナリアも検知に使うことができる。

青酸カリ（シアン化カリウム）などを吸い込んだ人は、肺や皮膚から吸収されるので、新鮮な空気の所に連れて行き、人工呼吸を行う。経口摂取の場合は、胃で青酸を出し、毒性が強まるので、ただちに指を使って嘔吐させた後に、人工呼吸を行う。

＊1 ロシアにはオウム真理教の海外支部があり、ソ連崩壊（1991年）後に多くのロシア人が何を信じたら良いかわからず、心の穴を埋めるために加入した

＊2 塩素ガスは国際法で禁止されていない。マスタードガスは化学兵器の一種で、ガスを浴びると皮膚がただれる。第一次世界大戦でドイツ軍が使用した。致死性が高く、国際法で禁止されている

＜参考＞

1) 公安調査庁ホームページ：欧米諸国におけるISILによるCBRNテロ関連動向

核リスク

リスク分類▶ ③

核戦争などによる人類の絶滅（終末）を午前0時になぞらえ、終末までの残り時間を表す世界終末時計がある。アメリカの科学誌「原子力科学者会報」の委員会で決めている。これまで、軍拡競争、核実験・開発、国同士の関係悪化などにより､残り時間が短くなるときがあった。代表的な終末時計の残り時間を見ると、以下の通りである（**表**）。

表　世界終末時計

年	残り時間	当時の出来事
1953	2分前	米国、ソ連が水爆実験に成功
1984	3分前	米ソ間で軍拡競争が激化
1991	17分前	ソ連崩壊
2007	5分前	北朝鮮の核実験、イランの核開発問題
2018	2分前	北朝鮮の核開発
2020	100秒前	イランと米国の関係悪化

世界中には多数の核弾頭があり、ロシアに7 300、米国に7 000、フランスに300、中国に260などである。ロシアと米国の2か国で世界の約9割の核弾頭を保有している。これでも、1989年の冷戦終結に伴って、1990年から95年にかけて減少してきた。他にイギリス、パキスタン、インド、イスラエル、北朝鮮が核保有国（全9か国）である。

なかでも、核をICBM（大陸間弾道ミサイル）に搭載すれば、射程6 400 km以上離れた相手国を攻撃することができる。北朝鮮が開発した火星15号は射程13 000 kmでアメリカ全土を射程に収めることができるものである。日本上空にもミサイルを通過させたため、J-ALERTなどの警戒態勢が強化された。なお、北朝鮮の核ミサイルの略史は以下の通りである。

1998年　弾道ミサイルのテポドン1号を発射

2006年　7発の弾道ミサイルを発射、核実験を実施

2017年　射程13 000 kmの火星15号を開発した

日本にも大量の原発の燃料があるので、これを使えば3千発以上の核弾頭を作ることができる。そのため、IAEA（国際原子力機関）の職員が日本に常駐し、

動向を監視している。原発も隠れた核リスクとなり、国別の運転施設数（建設中、計画中を除く）を見ると、(1) アメリカ99基、(2) フランス58基、(3) 日本42基、(4) 中国37基、(5) ロシア31基、(6) 韓国24基、(7) インド22基などで、総数は443基である。狭い日本の国土に世界の約1割の原発が立地している。

核兵器に関しては、核兵器の全廃と根絶を目的に、核兵器の使用・開発・保有・実験などを法的に禁止した核兵器禁止条約がある。2011年に多数の国の賛成で決議が採択され、2016年に賛成123か国により決議された。核兵器を保有する米英仏露と日本は条約の決議に反対した。日本が反対したのは、アメリカの核の傘の下で守られている（核兵器を違法化すれば、米国の核抑止力を損ない危険となる）からである。核保有国や多くのNATO加盟国が交渉・投票に参加しなかったため、今後核兵器を削減する効果は見込めない。現在50か国が条約に批准しており、今後発効する予定である。

しかし、日本は唯一の被爆国であり、核兵器廃絶に取り組んでいない訳ではない。保有国の核兵器削減を優先し、少ない水準まで減った段階で法的な枠組みを設けるべきだと主張している。核保有国と非保有国の橋渡し役となり、両方が参加する枠組みを追及している。1994年から、毎年国連総会に核廃絶決議案を提出し、採択されている。

参考までに、核ではないが、主要国の兵士数、航空機数を比較すると、以下の通りである。兵士数は中国・インド、航空機数はアメリカが圧倒的に多い。また、徴兵制がある国は約70か国ある。

表　兵士数と航空機数

	アメリカ	ロシア	中国	日本	インド
兵士数	140万	149万	284万	26万	280万
航空機	14 000	3 400	2 900	1 600	1 900

<参考>

1)　読売新聞朝刊（2020.8.7）：ニュースQ＋核兵器禁止条約とは？

海外からの攻撃リスク

リスク分類▶③

<北朝鮮からのミサイル攻撃>

北朝鮮がミサイル攻撃する理由は、80%が軍事力向上で、20%が米国などとの対外交渉である。2006年に最初の核実験を行った後、射程1 000 kmのスカッドERを発射したり、射程1 300～1 500 kmのノドン・ミサイルを発射した。ノドンは1990年代後半に配備された。対日本用に開発されたミサイルで、日本まで7～10分で飛翔する。

これまで、2016年に23発の弾道ミサイル、2019年に13発の新型短距離弾道ミサイルなどを発射した。1998年から2019年までに計84発のミサイルが発射された。

<中国による尖閣諸島への侵入>

2012年、東京都（石原都知事）が尖閣諸島の購入計画を発表して以来、中国は激しく反発し、日本側に圧力をかけてきたが、当初は緊張感はなかった。しかし、令和元年より中国側の態度が一変し、軍艦のような3千トン級の超大型公船を投入し、領海侵犯を繰り返すようになった。公船等による徘徊や領海侵入は4月11日～8月2日にかけて、111日連続で中国公船が尖閣諸島周辺海域を航行し、日本の領海内に長時間の侵入を繰り返した。

<ロシアによる北方四島支配>

2014年に択捉（えとろふ）島にイトゥルップ空港を整備、2017年に色丹（しこたん）島に経済特区を設置するなど、実効支配を強めている。北方領土には石油、天然ガスが3.6億トン（石油換算）ある他、世界三大漁場でもあり、これらのことも日本への返還を困難にしている。

<攻撃への防御>

日本には約5.5万人の米兵が駐留し、これはドイツの約3.6万人を超える人数である。米国は在独米軍の経費削減のため、駐留兵士の削減計画をたてている。削減する約半数はNATO加盟国であるベルギー、イタリアへ再配置され、残りは米国へ帰国する予定である。

日本の攻撃能力の一つにイージス艦がある。日本には8隻いて、フェーズドアレイレーダーと射撃指揮システムが搭載されている。200を超える目標を追跡し、その中の10個以上の目標を同時攻撃する能力を有している。イージス艦の攻撃能力にも限界があるため、防衛省はイージス・アショア（レーダー、迎撃ミサイル発射機などで構成される陸上配備のミサイル防衛システム）の秋田・山口への配備検討を行った。しかし、迎撃ミサイルを発射した際に切り離すブースター（推

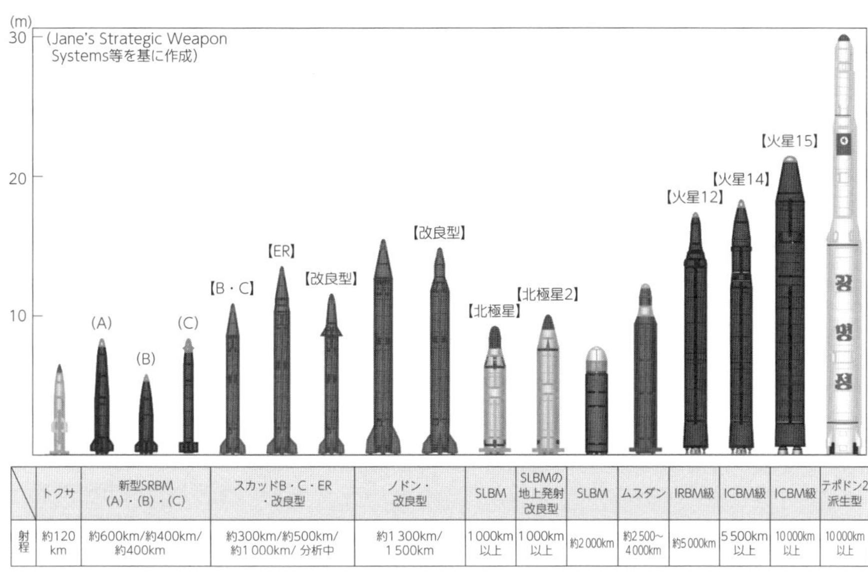

	トクサ	新型SRBM (A)・(B)・(C)	スカッドB・C・ER・改良型	ノドン・改良型	SLBM	SLBMの地上発射改良型	SLBM	ムスダン	IRBM級	ICBM級	ICBM級	テポドン2派生型
射程	約120km	約600km/約400km/約400km	約300km/約500km/約1 000km/分析中	約1 300km/1 500km	1 000km以上	1 000km以上	約2 000km	約2 500～4 000km	約5 000km	5 500km以上	10 000km以上	10 000km以上

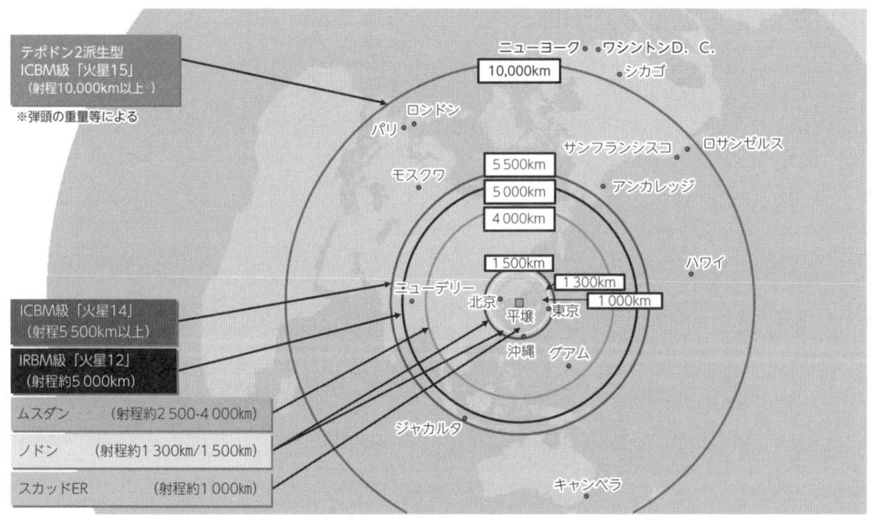

図　ミサイルの射程距離
防衛省ホームページ（https://www.mod.go.jp/j/publication/wp/wp2020/pdf/R02010203.pdf）

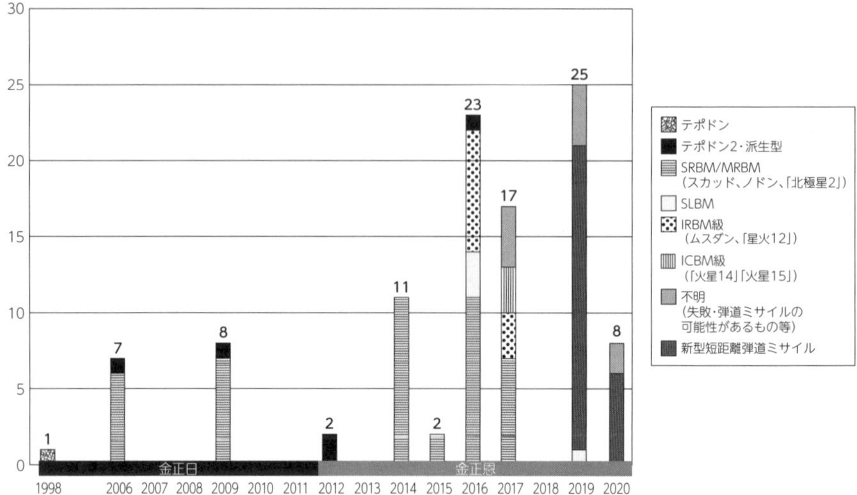

図　ミサイルの発射回数
防衛省ホームページ（https://www.mod.go.jp/j/publication/wp/wp2020/pdf/R02010203.pdf）

進補助装置、長さ約 6.7 m）の落下をコントロールできないとして、配備を断念した。

現在は陸上に適切な施設や場所がないため、海上に護衛艦、民間商船、リグを配備する、またはイージス艦を増やすことなどについて、検討している。

サイバー犯罪リスク

リスク分類 ▶ ③

コンピュータ技術、電気通信技術を悪用した犯罪がサイバー犯罪と呼ばれ、ハイテク犯罪やコンピュータ犯罪などを含んでいる。歴史的には1960年代のコンピュータの不正利用に始まり、現在はコンピュータウイルス、ネットワーク利用、不正アクセスなどの犯罪が見られる。平成30年には、過去最多の約9千件（**検挙件数：15年前の5倍**）が発生した。

それぞれに該当する犯罪は以下の通りである。

・コンピュータウイルス：プログラムの書き換え、ファイルへのアクセス

・ネットワーク利用：インターネットを利用した犯罪で、児童買春・ポルノが最多（23%）、詐欺（11%）がこれに次ぐ（**図**）

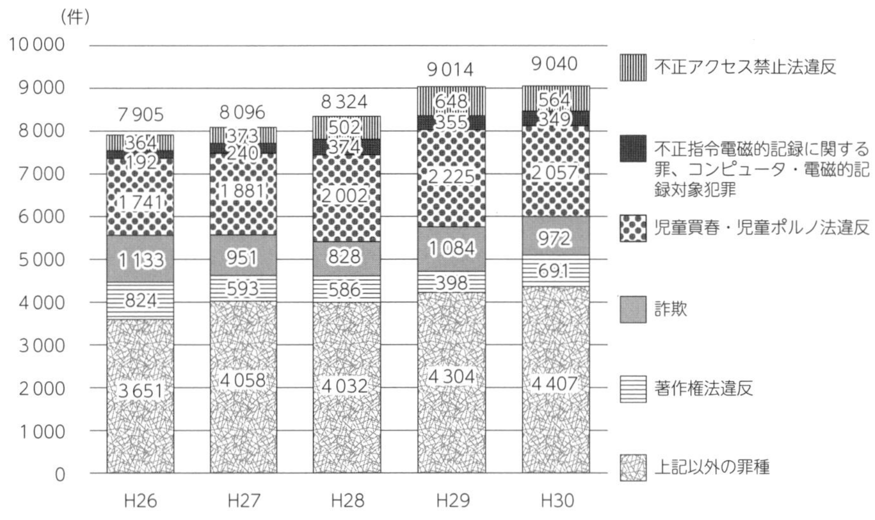

図　サイバー犯罪の検挙件数（内訳）の推移

出典）警察庁発表資料

・不正アクセス：IDやパスワードを利用して、個人情報を入手したり、遠隔操作する犯罪（全体の6%）である

ウイルスに感染すると、ウイルスが作動して負荷がかかり、勝手にパソコンの電源が落ちたり、再起動する。また、ウイルスがセキュリティソフトを停止させ

ることもある。ネットワーク利用では、児童買春、出会い系サイト規制法違反も多い。

ニセ通販サイトもあり、安価な商品とうたって、購入者から代金を受け取るが、商品を発送しない手口である。ニセサイトの見破り方としては、

・URLがおかしい：通常URLの末尾は、○.jpか○.comであるが、ニセサイトでは、□.topや□.xyzなどが多い

・代金の決済方法：通常銀行振込かクレジットであるが、ニセサイトでは銀行振込のみである

・文章がおかしい：日本語らしくない、不自然な表現がある

などに注意するとわかる。

サイバー犯罪の特徴は匿名性が高く、証拠が残りにくく、不特定多数の人に被害が生じることである。また、特殊技能を要することから、犯人は専門・技術職が多い。中国、ロシア、イスラエルは国家組織でサイバー攻撃を行うし、集団で攻撃するグループは多い。サイバー攻撃を行う集団がハッカーグループと称されることがあるが、技術向上を目指した善良なハッカーグループも存在する。

代表的なハッカー集団に、アノニマスやシリア電子軍などがある。アノニマス（匿名の意味）は国際的な反体制ネットワークで、画像掲示板「4 Chan」から生まれてきた。政府機関、政治家、多国籍企業など、数百のTwitterアカウントに攻撃してきた。シリア電子軍はSEAと称され、アノニマスと対立する組織である。2011年以降、アサド大統領を支援する活動を行い、反シリアの西側報道各社（ニューヨークタイムズ紙、テレビ局CBCなど）を攻撃してきた。これまで数百のウェブサイトをハッキングした。

サイバー犯罪対策としては、情報の出入口をファイアーウォール（セキュリティ上、通信を阻止するシステム）などで、不審な通信をブロックしたり、PCの脆弱性*に対するセキュリティ対策を強化する。サイトに入る前には、URLにカーソルをあわせてクリックして、表示と異なるURLが表示されると、怪しいサイトである。また、データのバックアップを行っておくことも重要である。日本には平成26年にサイバー防衛隊が創設された。

＊ プログラムの不具合や設計上のミスが原因で発生した情報セキュリティ上の欠陥を意味する

SNS 犯罪リスク

リスク分類 ▶ ③

SNSサイトを通じて被害にあう人は生徒に多く、9年前の2倍以上である。平成29年には1 813人が被害にあったが、その内訳を見ると、高校生（52%）や中学生（37%）が多い。中高生はSNSでつながった相手と面識がなくても、「知らない人」ではなく、「知り合い」と認識している。

複数交流系*を通じた被害が24%と多く、出会い系サイトを通じた被害は平成20年以降減少傾向にある。SNS上のチャット（LINEなど）などで知り合った人から、わいせつ画像を要求される児童ポルノが急増していて、31%もあり、児童買春も24%ある。また、実際に出会って、だまされて商品を買わされたり、強制わいせつなどの犯罪にあうことがある。

SNSで犯罪に巻き込まれないよう、スマートフォンにフィルタリング機能（有害なサイトへのアクセスを自動でブロックする機能）をかける必要があるが、必要性を感じず、かけていない人も多い（被害にあった子供の9割がこの機能を使っていなかった）。また、SNSで知り合った人と会う場合、事前にどういう素性（すじょう）の人かを確認したうえで会うようにしないと危険である。必要に応じて、友達に一緒について行ってもらうのも良い。

他に、インスタグラムにのせた画像から名前、住所、留守状況などを特定されて、盗難や詐欺などの犯罪に巻き込まれる危険性もある。インスタグラムには特定される物を写さないようにする。瞳に写った画像（背景、建物など）から住所を割り出されたり、画面に写し出された指紋が認証などに使われ、犯罪につながることもある。また、海外旅行に行く際、「海外に行ってきます」などと書込んだため、泥棒に入られたという事例があるので、こういう書込みをしない。

ツイッターなどで誹謗（ひぼう）中傷され、自殺に追いやられた人もいる。Yahooなどでは AI を活用して、こうした悪質な投稿を見つけると削除しているが、すぐに削除されなかったり、見逃されることもある。法的手続きをとって、発信者を特定することも可能であるが、非常に時間と手間を要する。投稿を見ない（気にしない）のも、一つの手である。

常磐道あおり運転事件で拡散した「ガラケー女」のデマでは、正義心から正体を暴く犯人探しの結果、まったく別人の女性の実名がさらされ、デマをSNSに投稿した人に対して、法的責任の追及や損害賠償請求が検討されている。こうした加害者にならないよう注意する必要がある。

＊ 複数交流系とは広く情報発信や同時に複数の友人らと交流する際に利用されるサイト（Twitter、LINE、Facebook など）である

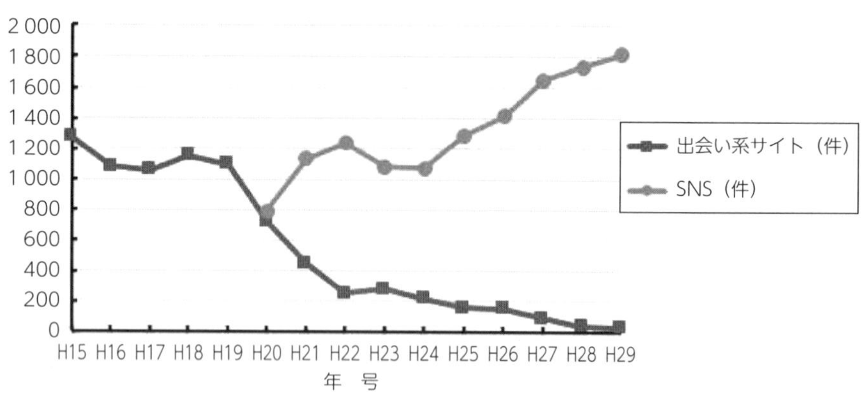

図　SNS による子供の犯罪被害
出典）警察庁資料に基づき作成

反社会的勢力リスク

リスク分類▶ ③

反社会的勢力はいわゆる暴力団などの犯罪組織で、暴力または詐欺的手法により、利益を追求する集団である。近年暴力団が組織の実態を隠蔽しつつ、企業に接触し、反社会的勢力が資金を獲得する手口は巧妙化されてきている。暴力団が経営にかかわっている企業を通じて、他企業に接近したり、暴力団が政治活動や社会運動を行う団体を隠れ蓑（みの）にしたりしているので、反社会的勢力は見極めるのが難しくなってきている。

例えば、株主総会を妨害しない見返りに、金銭を要求する総会屋などはわかりやすいが、社会的信用を失うことを恐れる企業の隙につけこみ、体面の問題をお金で解決することを提案し、利益を得る組織を摘発することは容易ではない。

反社会的勢力のうち、暴力団の組員（構成員*）数は1991年には6万人以上いたが、暴力団対策法施行（1992年）後に減少し、その後全都道府県での暴力団排除条例の施行（2011年）後に減少し、2018年には1.6万人まで減少した。

組員が多い暴力団に六代目山口組（構成員数約5千人、神戸市、初代1915年～）、住吉会（約3千人、東京・赤坂）、稲川会（約2千人、東京・六本木）、神戸山口組（約2千人、神戸市）などがある。組同士の闘争は後を断たず、六代目山口組と神戸山口組との抗争は多い。

政府は2007年に「反社会的勢力による被害を防止するための指針」を公布し、被害を防止するための5つの基本原則を示した。原則とは

1）組織としての対応

2）外部専門機関との連携

3）取引を含めた一切の関係遮断

4）有事における民事と刑事の法的対応

5）裏取引や資金提供の禁止

である。この後、各都道府県で暴力団排除条例が制定され、2011年には全都道府県で条例が施行された。条例では暴力団の資金源を断つことを目的に、市民や企業に暴力団への利益供与などを禁じた。各都道府県の条例には

・広島県・広島市では公営住宅への入居資格を暴力団ではないこととした（最初の条例）

・京都府では公共工事を請け負う企業に暴力団がいないこととした

・東京都では暴力団関係者は金融機関からローンを受けられないこととした

などがある。

反社会的勢力に一度かかわってしまうと、関係を断つのが難しいので、かかわる前に相手が反社会的勢力であるかどうかを確認する「**反社チェック**」が必要である。2013年にみずほ銀行が暴力団への融資を放置したとして、金融庁から業務改善命令を受けた（首脳陣54人が処分を受けた）。2018年にはスルガ銀行が指定暴力団組員に住宅ローンの融資を行った。株主総会も反社会的勢力に狙われやすい。主要な確認の仕方としては、次の3つがある。

1）日経テレコンで会社（個人）名とネガティブワード（違反、偽装、スキャンダル、不正など）を入れて検索する

2）反社のデータベースであるQuickスクリーニング・システムで検索する

3）警視庁「東京都暴力団排除条例」Q&Aで確認する

＊ 構成員は正規の組員である。準構成員は構成員ではないが、暴力団と関係を持ちながら、暴力的不法行為等を行う者で、構成員と同じぐらいの人数がいる

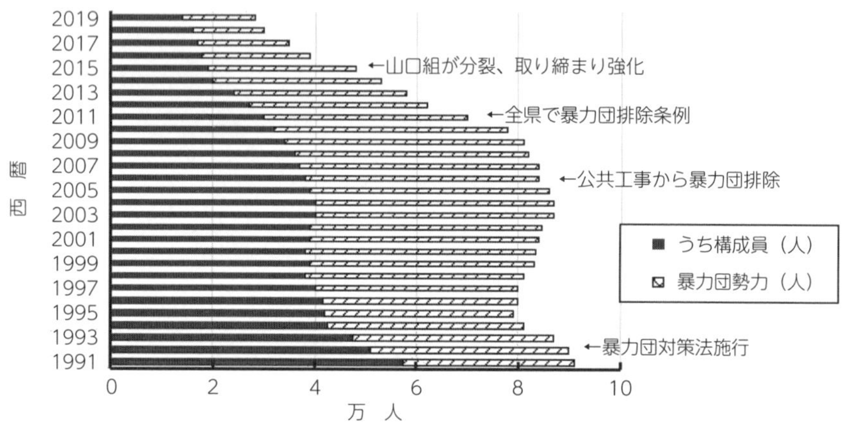

図　暴力団勢力（組員数）の推移

出典）警察庁資料に基づき作成

＜参考＞

1） Manegyホームページ：反社チェックの具体的な7つの方法

2） エス・ピー・ネットワーク：反社会的勢力排除の「超」実践ガイドブック、レクシスネクシス・ジャパン、2014

企業のリスク対策

リスク分類▶ ③

「店舗・事業所での浸水対策」の項で説明したように、企業も災害による損失などの影響を少なくするよう、また地域防災に貢献できるよう、BCP を策定するなど、さまざまな対策を講じている。ここでは、コンビニエンスストアの大手であるセブン－イレブンを例にとって、リスク対策の例を紹介する。

セブン－イレブンなどのコンビニエンスストアは、近年社会インフラの役割を担い、地域防災への貢献も要求されてきている。

セブン－イレブンでは、平成 12 年に警察庁が日本フランチャイズチェーン協会（JFA）に「まちの安全･安心の拠点」としての活動を要請したことを契機に、災害時の支援体制や町の防犯拠点を構築するため、高齢化に対応したセーフティステーション活動を実施してきた。また、東日本大震災（平成 23 年 3 月）後は、コンビニエンスストアを地域の支援拠点とすべく、多数の自治体と包括連携協定や物資供給協定を締結してきた。

災害時対応では、東日本大震災（平成 23 年 3 月）で、被災地への商品供給を行うため、被災しなかった工場で商品を増産し、玉突き物流を行って、東北地方への商品供給を実施した。東日本大震災のとき以外に、講じられたリスク対策と契機となったことがら（矢印の右側）を箇条書きすると、以下の通りである。

- 2000 年：食事配達サービス（セブンミール）、まちの安全・安心の拠点←高齢化率 15%
- 2005 年：セーフティステーション活動←高齢化率 20%
- 2015 年：災害時にセブンスポットを開放←スマートフォン普及率 50%（2014 年）
- 2015 年：セブン VIEW（**図**）の稼働開始←L アラート（2011 年）
- 2016 年：熊本地震でプッシュ型支援*←災害対策基本法改正（2012 年）
- 2017 年：災害対策基本法に基づく指定公共機関に指定

このように、地域住民に対しても、高齢者の安否確認（セブンミール）、帰宅困難者対策（災害時帰宅支援ステーション）、無料 Wi-Fi（セブンスポット）などの防災支援対応を行ってきた。

今後に向けたセブン－イレブンの防災戦略としては、グループ内の情報集約、取引先と協力して、災害情報の提供·共有ができる「セブン VIEW」を稼働しアップデート継続に取り組んでいる。L アラート、DeMaps、国交省、防災科研とシステム連携し、被災状況を速やか、かつ的確に把握できるシステムである。他に BCP の観点から、災害時における車両の燃料確保のため、埼玉県にあるイトーヨーカドーの物流センター地下に、燃料備蓄タンク（400 kL）を設置している（BCP については「店舗・事業所での浸水対策」の項を参照されたい）。

＊ プッシュ型支援は、あらかじめ被災地における必要物資を想定して、国が自治体の要請を待たずに商品を送り込む「緊急避難期の物資輸送」で、熊本地震（平成 28 年）で初めて実施された

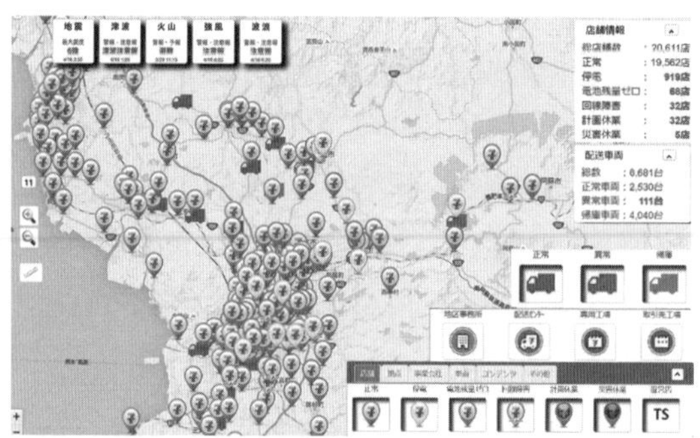

図　セブン VIEW の表示画面
出典）セブン＆アイホールディングス

<参考>

1） 末次忠司：成長を続けるセブン - イレブンの防災戦略、水利科学、No.368、pp.76 ～ 81、日本治山治水協会、2019

コラム 経済格差リスク / リスク分類 ④

資産30億円以上の人は、1）米国約8万人、2）日本1.8万人、3）中国1.7万人いる。日本で保有資産が1～5億円未満の富裕層と5億円以上の超富裕層は年々増加傾向にあり、1億円以上の資産を持っている人は126万世帯（約2%）ある。一方で、日本の**貧困率は15.7%**（世界平均10%）あり、OECD35か国中で7番目に高い。このように、日本は経済格差が大きな国である。

2016年統計で、相対的貧困率[*1]では、1）中国29%、2）南アフリカ27%、6）米国18%、14）日本16%の順で、ジニ係数[*2]では、1）南アフリカ0.6、2）中国0.5、9）米国0.4、18）日本0.3の順である。経済格差は悪循環を引き起こし、父親と子供（男）の学歴で見ると、父親が大卒の場合、子供の7～8割が大卒であるのに対して、父親が大卒でない場合、子供が大卒なのは3割前後にとどまっている（**表**）。

＊1 貧困ライン（可処分所得の中央値の半分）以下の可処分所得の世帯割合

＊2 可処分所得での不平等さを示す指標（0～1）で、1に近いほど不平等である

表　父親の学歴別・子供の大卒以上の割合

子供の年令	父親が大卒	父親が非大卒
20代	80%	35%
30代	69%	31%
40代	80%	27%
50代	78%	34%
60代	74%	24%
70代	56%	19%

コラム　生活保護 / リスク分類 ④

日本においては、貧困世帯に対して生活保護を行っている。生活保護率はバブル崩壊後の平成7年より増加し、平成26年をピークにその後減少傾向にある。平成29年には全人口の1.7%に相当する210万人（46%は65才以上）が生活保護を受給している。都道府県では大阪府3.3%が多く、最低は富山県0.3%で、政令指定都市では大阪市5.3%が多く、最低は浜松市0.9%である。

生活保護では生活保護費として、最低生活費から就労による収入、年金等の収入、親族による援助を差し引いた金額が支給される。最低生活費は生活している地域、世帯人数、年齢により異なり、6種類の扶助（生活、住宅、教育（小中学生）、生業（高校生）、出産、葬祭）の合計額である。また、就労自立給付金は上限が単身10万円、多人数世帯15万円である。

コラム　不慮の事故リスク / リスク分類 ④

平成30年で見ると、不慮の事故死は4.1万人、うち家庭内の不慮の事故死は1.2万人で、交通事故死の約4倍と多い。家庭内では**浴槽内での溺死や溺水**が最も多く（3 300人）、次いで気道閉塞を生じた食物の誤嚥（ごえん）（2 500人）などが多い。浴槽での溺水のほとんどが65才以上で、和式浴槽で多い傾向がある。意外と、つまづき・よろめきによる転倒に伴う死者が多く（1 000人）、高齢者では下半身センサーが衰え、少しの段差でもつまづき、転倒するようになる。また、不慮の窒息で、もちなどがのどに詰まった場合、正常に呼吸ができていれば、食道で詰まっているので、水を飲ませる。言葉が出なかったり、激しくせき込んでいる場合は気道に詰まっているので、無理をせずに救急車を呼ぶ。小さい子が誤って物を飲み込んでしまった場合、下を向かせて背中をたたいて、吐き出させるようにする。ただし、意識がない場合は心肺蘇生（そせい）法（心臓マッサージ、人工呼吸）を行う。

コラム　人間の死亡・死因／リスク分類④

死因（平成29年）の1位は**悪性新生物（腫瘍）**で37.3万人がなくなった。2位は心疾患20.4万人、3位は脳血管疾患10.9万人であった。腫瘍の死者数の割合は50～60才台がピークで、それより高齢では老衰と肺炎が増加する。10年前と比べれば老衰が増え、30年前と比べれば悪性新生物（腫瘍）と肺炎が増えている（**図**）。

がんの部位で見れば、男性は肺がんが圧倒的に多く、女性は大腸がんが多い。肺がんは喫煙（喫煙率18%：男28%、女9%）、大腸がんは食事の欧米化の影響が大きい。生存率が低いのはすい臓がんや肝臓がんで、すい臓がんは最も痛みを伴う。最近血液1滴で、がんが分泌する微小物質を検出して、13種類のがんを発見できる技術（がんの場所はわからない）がある。

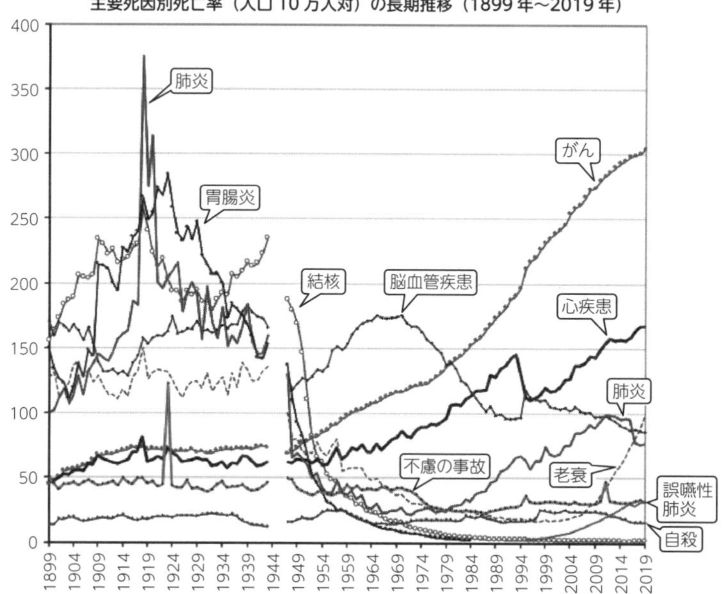

注）災害、事故などによる病気以外の死因は「自殺」を除いて略。1994年の心疾患の減少は、新しい死亡診断書（死体検案書）（1995年1月1日施行）における「死亡の原因欄には、疾患の終末期の状態としての心不全、呼吸不全等は書かないでください」という注意書きの事前周知の影響によるものと考えられる。2017年の「肺炎」の低下の主な要因は、ICD-10（2013年版）（平成29年1月適用）による原死因選択ルールの明確化によるものと考えられる。最新年は概数。
［資料］厚生労働省「人口動態統計」

図　10万人あたりの死因別死亡率の推移

◎文中の略語（英語）一覧

AIDS：Acquired Immune Deficiency Syndrome（後天性免疫不全症候群）

ALSOK：Always-Security-OK の略（綜合警備保障：会社名）

ALT：Alanine Transaminase（アラニンアミノトランスフェラーゼ：血液検査項目）

BCP：Business Continuity Plan（事業継続計画）

CBRN：Chemical, Biological, Radiological and Nuclear（化学、生物、放射性物質、核）

CDM 工法：Cement Deep Mixing 工法（深層混合処理工法：液状化対策）

CFC：Chlorofluorocarbon（クロロフルオロカーボン：温室効果ガスの一種）

CHOL：Cholesterol（コレステロール）

CL：Critical Line（土砂災害発生危険基準線）

COVID：Corona Virus Disease（新型コロナウイルス）

DHA：Docosahexaenoic acid（ドコサヘキサエン酸）

DNA：Deoxyribo Nucleic Acid（デオキシリボ核酸）

D-NET：Disaster relief aircraft management system-Network（災害救援航空機情報共有ネットワーク）

DJM 工法：Dry Jet Mixing Method（粉体噴射攪拌工法）

EPA：Eicosapentaenoic acid（エイコサペンタエン酸）

EU：European Union（欧州連合）

GDP：Gross Domestic Product（国内総生産）

GPS：Global Positioning System（地理情報システム）

GPT：Glutamic Pyruvic Transaminase（グルタミン酸ピルビン酸トランスファーゼ：血液検査項目）

GTP：Glutamyl Transpeptidase（グルタミルトランス・ペプチダーゼ：血液検査項目）

HIV：Human Immunodeficiency Virus（ヒト免疫不全ウイルス）

IAEA：International Atomic Energy Agency（国際原子力機関）

ICBM：Intercontinental Ballistic Missile（大陸間弾道ミサイル）

JARTIC：Japan Road Traffic Information Center（日本道路交通情報センター）

JAXA：Japan Aerospace exploration Agency（宇宙航空研究開発機構）

JERA：Japan + Energy + Era（東電・中電が出資する火力発電会社）

J-ALERT：Japan-Alert（全国瞬時警報システム）

J-SHIS：Japan-Seismic Hazard Karte（日本 - 地震ハザードステーション）
LED：Light Emitting Diode（発光ダイオード）
MERS：Middle East Respriratory Syndrome coronavirus（中東呼吸器症候群）
NATO：North Atlantic Treaty Organization（北大西洋条約機構）
NOx：Nitrogen Oxide（窒素酸化物）
OECD：Organization for Economic Co-operation and Development（経済協力開発機構）
PCR：Polymerase Chain Reaction（ポリメラーゼ連鎖反応）
PFC：Perfluorocarbon（パーフルオロカーボン：温室効果ガスの一種）
PL 法：Product Liability 法（製造物責任法）
PLT：Platelet（血小板）
P 波：Primary Wave（地震波：縦波）
RNA：Ribo Nucleic Acid（リボ核酸）
SARS：Severe Acute Respriratory Syndrome coronavirus（重症急性呼吸器症候群）
SEA：Syrian Electronic Army（シリア電子軍）
SECOM：Security Communication の略（セコム：会社名）
SHER：Similar Hydrologic Element Response Model（水循環モデル名）
SNS：Social Networking Service（ソーシャル・ネットワーキング・サービス）
SOx：Sulfur Oxide（硫黄酸化物）
S 波：Secondary Wave（地震波：横波）
TNT：Trinitrotoluene（トリニトロトルエン）
URL：Uniform Resource Locator（インターネット上のファイルの住所）
VOC：Volatile Organic Compounds（揮発性有機化合物）
WBC：White Blood Cell（白血球）
WBGT：Wet-Bulb Globe Temperature（湿球黒球温度）
WEB：World Wide Web（文書の公開・閲覧システム）の Web
WEP：Water and Energy transfer Process Model（水循環モデル名）
WHO：World Health Organization（世界保健機関）

リスクへの対処方法（個人の対応）

【全般】

・スマートフォンのNHKのニュース・防災アプリを見ると、気象・災害・避難情報を知ることができるし、洪水時の河川状況（ライブのカメラ画像）を見ることができる

・日本付近での台風の移動速度は1日で300～900km（平均770km）、また、台風の進路予報は24時間先では約100kmの予測誤差がある。台風は中心の東側で強風となり、台風の風があたる南東または南斜面で豪雨（2～3倍の豪雨）となる

・警戒レベル3は大雨警報や氾濫警戒情報相当なので、避難準備を行う（高齢者や乳幼児などは避難する）。警戒レベル4は氾濫危険情報や土砂災害警戒情報相当なので、避難を開始する

・通電火災とならないよう、電気のブレーカーを切ったり、ガスの元栓を閉めたり、水道の蛇口を閉めてから、避難する。阪神・淡路大震災（平成7年）では多数の家屋が通電火災で被災した

【風水害】

・洪水上昇速度は、大河川では速くて時速4、5mであるが、中小河川（とくに都市部）では10分間で2m以上上昇することがある（東京・呑(のみ)川、古川など）

・破堤箇所から離れていない所（数百m以内）では、氾濫水が到達すると、瞬時に30～70cmの浸水深となり、その後10分間に20～40cmぐらいの速度で上昇することを念頭に置いておく。速ければ、氾濫水の到達後1時間で1階の天井（3m）に達する

・在宅が危険な状態になったとき、タイヤのチューブや浮き袋を用いて避難する。家からはロープ（カーテンやシーツも活用できる）を柱などに二回り二結びで結んで脱出する

・浸水中の避難は複数の人がロープで連絡して、先導者が足下(もと)の安全（マンホール、水路、側溝）を探り棒で確認しながら避難する。水路と道路の間にガー

ドレールがないと、浸水時に境界がわからないので転落としやすい。探り棒にはカサや杖などが使える

・鉄道下などのアンダーパスで車が浸水に突入した場合、車内の水深があがる（水圧が小さくなる）まで待ってドアを開けるか、ヘッドレストの金属部分をドアと窓ガラスの隙間に入れて、てこの原理で窓ガラスを割って脱出するかを選択する（浸水中では電気系統のトラブルでパワーウィンドウが作動しないことがあるから）

・溺れた人を助けたら、大出血→意識→脈→傷の順番で処置する。意識がない人には人工呼吸を行い、脈が弱い人には人工呼吸と心臓マッサージを行う。人工呼吸は2回息を吹き込んだ後、成人で息を1.5～2秒間（1回/5秒）吹き込む

・地下鉄で浸水にあったとき、勝手に線路に降りて移動しない。線路脇に高圧電流が通っていて、感電する危険がある。駅の間隔は平均1.1 km（0.9～1.2 km）なので、係員の指示に従って移動する

・風速が秒速40 mを超えると人は飛ばされるので、飛ばされないよう、電柱やガードレールにつかまる。JRの電車は風速が秒速20～25 mになると速度規制がかかり、秒速25 m以上で運行を停止する

・強風により、看板やカサなどが飛んで人や車に向かってくると、凶器となるので注意する。ビニール傘でも、風速が速い風に飛ばされると、窓ガラスなどを破壊する威力がでてくるので、窓から離れた部屋にいるようにする

【土砂災害、火山災害】

・河道水位の低下や斜面から水が湧き出るなどの土砂災害の前兆現象*が見られたら、山から離れるなどして、土砂災害にあわないようにする

＊ 土石流：急激な河道水位低下、川の水が濁る、土臭(くさ)い/がけ崩れ：斜面から水が湧き出る、斜面のひび割れ・はらみ出し、小石が落ちてくる/地すべり：地鳴り・山鳴り、地面の振動

・火山災害では溶岩流や火山灰などによる被害が発生する。溶岩流は玄武岩質で時速30 km、火山泥流だと時速100 kmの高速で流下する。火山灰は数十～数百kmの範囲に降灰する。大正3年の桜島噴火では、火山灰が仙台まで達した

・火山噴火に対する補償を受けるには、火災保険に付帯させる地震保険を契約

する必要がある。車は車両保険の特約（車両全損一時金特約など）に加入しておく

【地震、津波】

- 地震により堤防が沈下して、そこへ津波が来ると浸水被害が発生するし、地震により土砂崩れが発生すると、土石流となったり、河道閉塞を引き起こすなど、複合災害となる場合があるので、複合災害のことを頭の片隅に入れておく
- マグニチュード８クラスの海溝型地震が発生する前に、マグニチュード７クラスの内陸直下型地震が多発すると言われている
- 日本海側は海底地震により津波が発生するので、到達するまでの時間が短い。北海道南西沖地震（平成５年）では地震発生２～３分後に奥尻島に津波が到達した
- 東日本大震災（平成23年）では、津波の遡上速度は陸上で時速10～30km と速い。川の遡上速度はさらに速い（時速30～45km）
- 海岸での津波の波高の高さまで津波が到達するのではない。津波はその２倍（最大で４倍）程度の標高まで遡上することに注意する

【交通】

- 新幹線に乗っているとき、地震の放送があったら、両足を伸ばして、前の座席に踏ん張って体を固定するとともに、上から物が落ちてくることがあるので、カバンや両腕で頭を覆う
- 車をバックさせるときは、体が通常の位置よりずれ、ブレーキを抑えていた右足がアクセルにかかることがあるので、注意する。また、事故を起こすと、パニックになって、また別の事故を引き起こすので、一度車を止めて冷静になる
- 自転車でも、速いスピードでぶつかってくると、死亡や重症に至る場合があり、数千万円の賠償金を支払った事例もあるので、自転車保険に加入しておく。加入が義務付けられている県もある（兵庫県、大阪府、鹿児島県など）

【その他】

- 雷が鳴ったら、木の頂上から45度の内側で、木から2m以上離れた場所に

移動する。避雷針も木の頂上と同様である。車や家の中であれば安全である。金属を身につけていても問題はあまりない

・熱中症の発生は気温と湿度の関係で表されており、湿度が80%以上で気温が31度以上、湿度が60%以上で気温が34度以上が発生しやすい条件となっている。熱中症は外出中でなく、家の中でもよく起きるので、エアコンを適切に利用する

・熱中症になったら、衣服を脱がせて、扇風機やうちわであおいで、体を冷やす。氷のうなどがあれば、太い血管が通っている首すじ、脇の下、大腿（だいたい）（太もも）の付け根、股関節（こかんせつ）あたりにあてる

・山中で遭難しないためには、遭難してから地図で確認するのではなく、登山中の要所要所で自分がいる現在地を確かめ、ルートの様子を確認しておく。道に迷ったら、尾根を目指して上がると、周囲が見渡せ、自分の位置がよくわかる

・飛行機で危険な状態になると、天井から酸素マスクが下りてくるが、18秒以内に装着しないと酸欠になる。酸欠になると、吐き気、めまい、意識低下が起き、最悪死に至る。また、酸素は長時間供給される訳ではなく、10分間しか供給されない

・空き巣は留守のときだけでなく、ゴミ捨てなどで短時間家をあけたときや、在宅中にも玄関近くの金品を物色する場合があるので、注意する

・泥棒などに、両手を体の前でタオルやガムテープなどで拘束されたら、両手を頭の上に勢いよく上げると、タオルなどをはずせる

付録１　リスク・クイズ（間違えたら、本文をもう一度確認すること！）

1）家に帰ってきて、泥棒が入ったことが分かったら、まず（　　　　　　　　）する
2）泥棒にガムテープで両手をしばられても、（　　　　　　）れば、はずすことができる
3）特殊詐欺に対しては、（　）の話になったら、怪しい電話だと思う
4）海底地震は（　　　）などで発生し、陸地への到達が速く、緊急地震速報が間にあわない場合がある
5）地震が発生したら、まず（　）へ行き、（　　　　　）おく
6）地震がおさまっても、すぐに（　）を使ってはいけない
7）地盤が沖積層で、地震の周期が（　）い地域は、大きな地震被害にあいやすい
8）エレベータに乗っているときに、地震が発生したら、（　　　　　　　）を押す
9）新幹線に乗っていて、地震にあったら、（　　　　　　　　　　　　　）する
10）津波は海岸の浅瀬の方が深い所よりも波高が（　）なることに注意する
11）初期消火は火災発生後（　）分以内に行う
12）火事は台所で発生することが多いので、消火器は（　　　　　　）に置いておくのが良い
13）火事で煙が出たら、（　　　　　　　　　　　　）て、避難する
14）雷が鳴って、木の下で雨宿りするとき、（　　　　　　　　）場所に避難する
15）まわりに何もない場所で、雷にあったら、（　　　　　　　　　　）して、両手で耳をふさぐ
16）洪水の発生は小河川の方が大河川よりも（　）ので、注意する
17）浸水中を避難するとき、（　　）で（　）や（　　　　）を確認しながら、ロープで連絡した複数の人で避難する
18）アンダーパスで車が浸水に突入したら、車内の水深が高くなり、ドアを開けられるまで待つか、（　　　　　）で窓ガラスを割る
19）破堤箇所からそれほど離れていない場所では、氾濫水の到達後速くて（　）時間で、１階の天井まで水が到達する

20) 地下街や地下鉄で浸水被害にあったら、(　　　　　　　　　　　) 方向の階段を目指して、避難する

21) 火山災害では溶岩流も時速 100 km と速いが、(　　) は更に速い速度で流下してくる

22) 火山噴火に対する補償を得るには、(　) 保険に加入する必要がある

23) 土石流の前兆現象は、急激な (　) 低下、川の水が (　)、土臭いである

24) 土砂災害が発生しやすいのは (　) が大きな地域、断層や構造線がある地域、(　) 度の高い地域である

25) 雪崩の前兆現象は、(　　　　　) や雪 (　) である

26) いろいろな災害やリスクに安全に対応するために、枕元には少なくとも、(　　　　)、ヘルメット、(　　　　) を置いておく

27) 都道府県で震度 5 弱以上の地震が多いのは (　　)、活火山が多いのは (　　) である

28) 突風や竜巻が発生したら、家の中に入り、(　　　　　) 場所ですごす

29) 借家人は全壊･流失した建物の再建が完了する前に、家主に申し入れして、(　　) を取得しておく必要がある

30) 避難所から帰宅したら、まず最初に (　　　　　　　　　　) する

31) 風速が秒速 10 m を超えて地吹雪となり、車の周囲に吹き溜まりを作り、車が立ち往生したら、(　　　　　　　　　) を行う

32) 登山で道に迷ったら、(　　　　) を目指して進む

33) スズメバチに出会ったら、(　　　　　　) と、攻撃から逃れられる場合がある

34) 最多のウイルス性食中毒は (　　　　　　) で、患者が嘔吐した場合、近くの人を移動させ、換気するとともに、(　　) をかける

35) 化学物質過敏症になった場合、(　　　　　　　　　) を離れると、症状が軽減することが多い

36) 死因の 1 位はガンで、男性は (　) ガン、女性は (　) ガンが最も多い

37) 家庭内の不慮の事故で最も多いのは、(　　　　　　　　　　) で、次いで食物の誤嚥が多い

38) 認知症になりにくくするには、(　　　　　　　　) や魚を食べたり、(　　) 運動をする。起床後 (　　　　　　　　) のも良い

付録 1 の解答

1）家に帰ってきて、泥棒が入ったことが分かったら、まず（家の外へそっと出て、警察に電話）する
2）泥棒にガムテープで両手をしばられても、（手を勢いよく上にあげ）れば、はずすことができる
3）特殊詐欺に対しては、（お金）の話になったら、怪しい電話だと思う
4）海底地震は（日本海側）などで発生し、陸地への到達が速く、緊急地震速報が間にあわない場合がある
5）地震が発生したら、まず（玄関）へ行き、（ドアを開けて）おく
6）地震がおさまっても、すぐに（ガス）を使ってはいけない
7）地盤が沖積層で、地震の周期が（長）い地域は、大きな地震被害にあいやすい
8）エレベータに乗っているときに、地震が発生したら、（全部の階のボタン）を押す
9）新幹線に乗っていて、地震にあったら、（前の座席に両足を踏ん張って、体を固定）する
10）津波は海岸の浅瀬の方が深い所よりも波高が（高く）なることに注意する
11）初期消火は火災発生後（ 3 ）分以内に行う
12）火事は台所で発生することが多いので、消火器は（台所の隣の部屋）に置いておくのが良い
13）火事で煙が出たら、（大きなポリ袋に頭を入れ）て、避難する
14）雷が鳴って、木の下で雨宿りするとき、（木から 4m 以上離れた）場所に避難する
15）まわりに何もない場所で、雷にあったら、（しゃがんで、つま先立ち）して、両手で耳をふさぐ
16）洪水の発生は小河川の方が大河川よりも（早い）ので、注意する
17）浸水中を避難するとき、（探り棒）で（水路）や（マンホール）を確認しながら、ロープで連絡した複数の人で避難する
18）アンダーパスで車が浸水に突入したら、車内の水深が高くなり、ドアを開けられるまで待つか、（ヘッドレスト）で窓ガラスを割る
19）破堤箇所からそれほど離れていない場所では、氾濫水の到達後速くて（ 1 ）時間で、1 階の天井まで水が到達する
20）地下街や地下鉄で浸水被害にあったら、（浸水の流れに逆らわない）方向の階段を

目指して、避難する

21）火山災害では溶岩流も時速100 kmと速いが、（火砕流）は更に速い速度で流下してくる

22）火山噴火に対する補償を得るには、（地震）保険に加入する必要がある

23）土石流の前兆現象は、急激な（水位）低下、川の水が（濁る）、土臭いである

24）土砂災害が発生しやすいのは（勾配）が大きな地域、断層や構造線がある地域、（荒廃）度の高い地域である

25）雪崩の前兆現象は、（スノーボール）や雪（しわ）である

26）いろいろな災害やリスクに安全に対応するために、枕元には少なくとも、（懐中電灯）、ヘルメット、（スリッパ）を置いておく

27）都道府県で震度5弱以上の地震が多いのは（東京都）、活火山が多いのは（北海道）である

28）突風や竜巻が発生したら、家の中に入り、（窓から離れた）場所ですごす

29）借家人は全壊･流失した建物の再建が完了する前に、家主に申し入れして、（借家権）を取得しておく必要がある

30）避難所から帰宅したら、まず最初に（被災状況の写真を撮影）する

31）風速が秒速10 mを超えて地吹雪となり、車の周囲に吹き溜まりを作り、車が立ち往生したら、（マフラー周囲の除雪）を行う

32）登山で道に迷ったら、（山の尾根）を目指して進む

33）スズメバチに出会ったら、（静かにしゃがむ）と、攻撃から逃れられる場合がある

34）最多のウイルス性食中毒は（ノロウイルス）で、患者が嘔吐した場合、近くの人を移動させ、換気するとともに、（消毒液）をかける

35）化学物質過敏症になった場合、（原因物質のある場所）を離れると、症状が軽減することが多い

36）死因の1位はガンで、男性は（肺）ガン、女性は（大腸）ガンが最も多い

37）家庭内の不慮の事故で最も多いのは、（浴槽内での溺死・溺水）で、次いで食物の誤嚥が多い

38）認知症になりにくくするには、（栄養素の多い野菜）や魚を食べたり、（有酸素）運動をする。起床後（太陽の光を浴びる）のも良い

付録２　リスク意識の診断

あなたはリスク意識が高いと思いますか？　以下の項目のうち、あなたにあてはまる項目の□にチェックして下さい。あなたのリスク意識が高いかどうかの診断ができます

□ エスカレータに乗るときは、なるべく移動手すり（ハンドレール）につかまって乗る
□ コンビニに買い物に行って、駐車場に車を止めるとき、短時間でもカギをする
□ 電車に乗っていて、トイレに行くとき、大事な荷物は持って行く
□ 横断歩道を渡るとき、車が近づいていないか確認して横断する
□ 夜道を１人で歩いているとき、うしろに変な人がいないか確認する
□ 台風が発生して、接近までまだ１日以上あっても、一応確認する
□ 家族で災害時の避難について話をしたことがある
□ 災害時の非常用持ち出し品を用意している
□ 職場で火災報知器が鳴ったら、一応何があったか確認する
□ 防災行政無線の放送はなるべく聞くようにしている

チェックした項目はいくつあったでしょうか。

- 8 以上→あなたのリスク意識は高いです
- 6、7 →リスク意識はありますが、今後改善していく必要があります
- 4、5 →リスク意識は高いとは言えません。今後高めていきましょう
- 3 以下→ リスク意識は低いので、今後危険な状況に陥る可能性があります

付録3　覚えておくと便利な数値

【火災】

・火災の延焼スピードは時速 200 ～ 300 m で、速いと時速 800 m
・建物内で火災が発生してから 3 分以内で天井に火が燃え移る
・火災の煙は水平方向に秒速 0.3 ～ 1 m、鉛直方向に秒速 3 ～ 5 m で拡がる
・住宅火災の犠牲者の 7 割が 65 才以上で、死亡原因の 6 割が逃げ遅れである

【気象】

・日本近海での台風の移動速度は 1 日で 300 ～ 900 km（平均 770 km）
・24 時間先の台風の進路予想には 100 km 程度の誤差がある
・上空 5 500 m に寒気が入り、地上との温度差が 40 度以上になると、豪雨（夕立）となる
・浸水が発生する時間雨量の目安は小水害が 40 mm、中水害が 80 mm である
・地下水害が発生する目安は 1 時間に 70 mm である
・熱中症では毎年 500 人以上が死亡し、75 ～ 89 才が約半数である
・熱中症は家の中で起きる（41％）が多く、1 日で飲み物から 1.5 L の水分を摂取する

【洪水、浸水、土砂災害】

・洪水の上昇速度は大河川で速くて時速 3 ～ 4 m であるが 、都市河川では時速 10 m 以上の河川もある
・洪水による橋脚周辺の洗掘深は最大で橋脚幅の 1.5 倍である
・氾濫水の伝播速度は扇状地（傾斜 1/300 以上）で時速 5 ～ 6 km、沖積平野で時速約 1 km
・浸水が上昇する速度は 10 分間で 10 ～ 20 cm。破堤箇所近くは到達後瞬時に 30 ～ 70 cm 上昇し、その後 10 分間で 20 ～ 40 cm の割合で上昇する
・地下鉄での浸水の伝播速度は時速 1 ～ 10 km
・水害では 1 軒あたり 1 ～ 3 トンの災害ゴミが発生する

・土砂災害が水害に占める割合は、死者・行方不明者数は5～6割と多いが、被害額は約5%である
・土石流は14度以上の傾斜で発生し、速くて秒速20mで流下する
・がけ崩れは30度以上の傾斜で発生する
・流域面積あたりで、山地から出てくる土砂量は年間100～500 m^3 である

【津波、地震】

・津波の海での伝播速度は $\sqrt{gh}$（g：重力加速度、h：水深）で計算できる
・津波は海岸での波高の約2倍（最高で約4倍）の高さまで遡上する
・津波の遡上速度は陸上で時速10～30km、河川で時速30～45km
・津波の遡上距離は河川は陸上の約2倍である
・震度5弱以上の地震は各県で平均して、100年間で17回（県で重複あり）発生している
・地震の余震期間は一般には1～2週間程度である

【風害】

・竜巻の移動速度は時速30km以下が多いが、なかには時速70km以上と速いものもある
・最大瞬間風速は最大風速の約1.5～2倍である
・屋外では風速が秒速40mを超えると、人は飛ばされる
・JRの電車は風速が秒速25m以上で運行を停止する
・東名高速道路では最大風速が秒速25m以上で通行止め

【火山災害】

・火砕流は600～700度の高温で、速くて時速360km以上で流下する
・溶岩流は速くて時速100km（火山泥流）で流下する
・火山灰は数十～数百kmの範囲に降灰し、長期間影響を及ぼす

【その他】

・死因はガンが37万人、心疾患が20万人、脳血管疾患が11万人である
・認知症患者は460万人以上いて、65才以上の高齢者の7人に1人が認知症である

・雪崩に巻き込まれた人の救出は 15 分を境にして生存率が減少する
・飛行機事故の 8 割は離陸・着陸時で、とくに操縦ミスが 5 割と多い
・交通事故件数の 8 割以上が車同士の事故で、人と車の事故は横断中が 56% と多い
・時速 100 km では 40 km の半分の視野となり、事故を起こしやすくなる

付録４　知っておくと便利な番号等

【災害・救急関係】

- **災害用伝言ダイヤル**：番号171（局番なし）に伝言を録音し、家族間で連絡をとりあう。誰も「イナイ」と覚える。伝言は1伝言30秒以内、20伝言まで録音できる。英語の伝言ダイヤルサービス、電子掲示板版のweb171（テキスト形式やJPEG形式の静止画像を送信できる）もある
- **救急相談センターダイヤル**：直接医師や看護師に症状について相談したい場合、相談に応じてくれる救急相談センターダイヤル（＃7119）がある。救急車を呼んだ方が良いかどうかの相談もできる。対応できる県と対応できない県がある
- **日本中毒情報センター**（072-727-2499）：タバコ、一酸化炭素、フグなどの中毒事故が起きたら、電話する。家庭用品や医薬品による中毒、子供の中毒に関する相談も受け付けている
- **海上保安庁の緊急通報用電話番号**：海上における海難人身事故、油の流出、不審船の発見などに対して、局番なしの118番に電話する

【警察・相談】

- **警察相談ダイヤル**：警察（110番）に電話するほどではない緊急性の伴わない問い合わせの場合、警察相談ダイヤル（＃9110）に電話する。県警や消防本部に緊急性の伴わない通報が相次ぐと、本来助けが必要な人への対応が遅れてしまうことがある
- **消費者ホットライン**：消費生活センターは事業者に対する消費者の苦情や相談に対応するほか、特殊詐欺に関する相談にものってもらえて、局番なしの188（消費者ホットライン）に電話すると、近くにある消費生活相談窓口を紹介してくれる。「イヤヤ」と覚える
- **無料でできる 法律相談**：国によって設立された総合案内所である「法テラス（日本司法支援センター）」では、法律トラブル（夫婦・職場関係、借金など）には「0570-078374」、犯罪被害には「0570-079714」が相談の窓口となってい

る

・（自殺予防）**いのちの電話**：ナビダイヤル受付センターの番号は0570-783-556で、各県にあるセンターを紹介してもらえる。面談、電話、インターネットで自殺や心の痛みなどについて相談員に相談でき、アドバイスをもらえる。多くの人が利用できるよう、相談回数は6か月で3回までである

【交通関係】

・ **道路緊急ダイヤル**：国道や高速道路で陥没や道路の損傷を見つけたら、後続車が被災しないよう、道路緊急ダイヤル（＃9910）に通報する。自動音声ガイダンスで該当道路の管理者につながる

・ **道路交通情報Now!!**：日本道路交通情報センター（JARTIC）のホームページをクリックすると、高速道路、都市高速道路、一般道路の渋滞・事故情報を知ることができる

・ **安全運転相談窓口**：＃8080に電話すると、警察庁の窓口から、管轄の県警窓口に自動でつながる。高齢者が運転に不安を感じたら、運転のアドバイスを得られる（従来から電話相談窓口はあったが、番号が各県警ごとに異なっていた）

【その他】

・ **電話番号検索サイト**：jpnumber.comのサイトを通じて、電話番号から会社名・個人名などを検索したり、会社名・個人名・住所から電話番号を検索することができる。ただし、個人など登録されていない番号では検索できない。また、不審な番号がリストアップされているので、特殊詐欺などにあわないための参考とする

参考　リスク関連の都道府県データベース

リスク関連の都道府県データベース

	水害による被災棟数	震度５弱以上の地震の発生回数	土砂災害危険箇所数：５戸以上	活火山数	交通事故死者数（人）	犯罪認知件数	認知症患者数（千人）
北海道	926	(3) 48	5 202	(1) 20	147	32 013	21
青森	476	23	2 026	4	41	5 050	6
岩手	606	30	4 187	5	55	4 224	7
宮城	2 549	46	3 305	3	57	16 467	10
秋田	486	12	3 272	6	37	2 947	8
山形	250	9	2 083	5	40	4 896	8
福島	1 574	(2) 59	3 256	6	68	11 575	11
茨城	1 097	(3) 48	1 747	0	124	26 610	10
栃木	396	23	2 026	3	88	13 254	9
群馬	305	9	3 743	6	64	14 006	10
埼玉	(3) 4 084	16	1 520	0	(3) 160	69 457	26
千葉	1 708	21	1 877	0	(2) 170	57 293	18
東京	2 328	(1) 73	2 463	(2) 16	146	(1) 134 624	(1) 55
神奈川	714	13	3 253	2	147	58 128	(2) 36
新潟	2 676	37	5 379	2	93	14 150	17
富山	403	2	1 754	1	41	5 395	7
石川	412	8	2 627	1	31	6 202	5
福井	653	5	3 814	1	39	3 645	4
山梨	138	20	3 169	1	33	5 070	4
長野	535	30	8 465	10	70	10 664	12
岐阜	578	2	6 003	5	83	15 607	9
静岡	1 081	31	6 243	3	111	22 098	18
愛知	(1) 4 752	3	4 540	0	(1) 181	(3) 70 256	19
三重	1 063	7	6 868	0	82	14 120	8
滋賀	256	4	2 800	0	50	9 574	7
京都	1 397	6	4 023	0	57	20 479	12
大阪	(2) 4 108	3	2 050	0	142	(2) 122 139	(3) 32
兵庫	3 358	15	(2) 10 153	0	150	53 193	25
奈良	462	8	2 531	0	39	9 313	5
和歌山	1 433	7	6 165	0	35	6 360	4
鳥取	191	8	3 250	0	25	2 907	4
島根	647	5	6 179	1	20	3 048	5
岡山	1 946	4	5 692	0	80	12 751	13
広島	1 882	13	(1) 12 097	0	86	17 110	21
山口	1 284	7	6 805	1	58	6 852	7
徳島	631	5	3 817	0	35	3 953	4
香川	2 240	3	2 638	0	46	6 076	8
愛媛	1 334	6	6 796	0	59	9 776	6
高知	876	4	6 290	0	30	4 792	4
福岡	1 778	3	6 289	0	124	46 624	22
佐賀	1 584	3	3719	0	33	5 089	4
長崎	544	5	(3) 9 075	2	38	4 659	6
熊本	1 506	42	5 779	2	67	8 923	8
大分	625	16	7 692	3	41	4 054	7
宮崎	1 149	12	4 509	1	38	5 346	4
鹿児島	1 771	21	6 476	(3) 11	63	7 352	8
沖縄	323	15	716	2	39	8 083	3
	S60～H26	1919～2019	H10～14	北方領土 11	H29-31	H28	H22

◎著者略歴

末次　忠司（すえつぎただし）

【学歴・職歴】

1980 年　九州大学工学部 水工土木学科 卒業
1982 年　九州大学大学院 工学研究科水工土木学専攻 修了
1982 年　建設省土木研究所 河川部総合治水研究室研究員
1990 年　建設省土木研究所 企画部企画課長
1996 年　建設省土木研究所 河川部都市河川研究室長
2000 年　建設省土木研究所 河川部河川研究室長
2001 年　国土交通省国土技術政策総合研究所 河川研究部河川研究室長
2006 年　（財）ダム水源地環境整備センター 研究第一部長
2009 年　山梨大学大学院 医学工学総合研究部社会システム工学系 教授
現　在　山梨大学大学院 総合研究部工学域土木環境工学系 教授
博士（工学）、技術士（建設部門）
1993.1 ～ 1994.1 アメリカ内務省地質調査所 水資源部表面水研究室

【単著】

・図解雑学 河川の科学、ナツメ社、2005
・これからの都市水害対応ハンドブック－役立つ 41（良い）知恵－、山海堂、2007
・河川の減災マニュアル、技報堂出版、2009
・河川技術ハンドブック－総合河川学から見た治水・環境、鹿島出版会、2010
・水害に役立つ減災術、技報堂出版、2011
・もっと知りたい川のはなし、鹿島出版会、2014
・実務に役立つ総合河川学入門、鹿島出版会、2015
・水害から治水を考える－教訓から得られた水害減災論、技報堂出版、2016
・事例からみた 水害リスクの減災力、鹿島出版会、2016
・技術者に必要な河川災害・地形の知識、鹿島出版会、2019

【主な共著】

・藤原宣夫編著：都市の環境デザインシリーズ 都市に水辺をつくる、技術書院、1999
・土木学会：水理公式集［平成 11 年版］、丸善、1999
・日本自然災害学会監修：防災事典、築地書館、2002
・国土交通省国土技術政策総合研究所監修、水防ハンドブック編集委員会編：実務者のための水防ハンドブック、技報堂出版、2008（主担当）
・末次忠司編著：河川構造物維持管理の実際、鹿島出版会、2009（主担当）
・大森浩二・一柳英隆編著：ダムと環境の科学Ⅱ ダム湖生態系と流域環境保全、京都大学学術出版会、2011
・土木学会構造工学委員会編集、藤野陽三ほか：構造工学シリーズ 24 センシング情報社会基盤、丸善、2015
・日本災害情報学会：災害情報学事典、朝倉書店、2016
・鈴木猛康ほか：山梨と災害－防災・減災のための基礎知識、山梨日日新聞社、2016
・土木学会：水理公式集［2018 年版］、丸善、2019

【主要な研究活動】

＜リスク関係＞

・「河川砂防技術基準」の編集・執筆、「河川堤防の構造検討の手引き」作成に関与
・首都圏外郭放水路実験（第 3、5 立坑）、大河津分水路可動堰計画・実験
・侵食防止シートの開発
・洪水ハザードマップの基準作成、各地の洪水ハザードマップ作成に関与
・ハザード（氾濫）シミュレータの開発
・氾濫解析の応用（二線堤、防災樹林帯、水路ネットワーク）
・河道内樹林化調査・対策（多摩川、千曲川など）
・ダムの洪水調節方式、ダムの堆砂対策（佐久間ダム、矢作ダムなど）、ダムコン
・災害調査委員会（東海豪雨災害、新潟・福島豪雨災害、福井水害ほか）
・「治水経済調査マニュアル」の策定、「水害統計」の見直し
・刈谷田川遊水地の実験計画、十勝川千代田実験水路の実験計画
・「山梨県の水害」、「甲府市・洪水ハザードマップ」作成に関与

＜リスク以外＞

・約 40 水系の河川整備基本方針策定に関与（阿武隈川、岩木川、利根川、荒川、富士川、庄内川、安倍川、菊川、吉野川、肱川、筑後川など）
・「水理公式集」の執筆
・耐候性大型土のう袋・各種袋材の審査証明
・水循環モデルの開発（WEP モデル、SHER モデル）

リスク大全集

災害・社会リスクへの処方箋

ー災害リスクを知り、社会リスクに備えるー

定価はカバーに表示してあります。

2021年3月1日　1版1刷発行　　ISBN978-4-7655-4252-4 C2036

著　者　末　次　忠　司

発行者　長　　滋　彦

発行所　技報堂出版株式会社

〒101-0051　東京都千代田区神田神保町1-2-5

電　話　営　業（03）（5217）0885

編　集（03）（5217）0881

F A X（03）（5217）0886

振替口座　00140-4-10

U R L　http://gihodobooks.jp/

日本書籍出版協会会員
自然科学書協会会員
土木・建築書協会会員

Printed in Japan

装幀：田中邦直　印刷・製本：愛甲社

落丁・乱丁はお取り替えいたします。